Seru 生产方式丛书

赛汝生产系统的设计优化

于 洋　唐加福　著

科学出版社

北　京

内 容 简 介

　　赛汝生产方式是产生于日本生产现场的新型生产方式，具有更好的柔性，能够根据顾客需求灵活地重组，是生产方式在日本的最新发展形态。赛汝生产克服了流水生产线生产的刚性，适应了多品种小批量市场需求，是以工人为中心的生产方式，具有高度自治且不断学习的能力，能够适应劳动力成本高的生产环境和多品种小批量的市场环境。本书的主要内容包括两部分：第一部分简要介绍赛汝生产的产生背景、基本概念、特点和优缺点，以及赛汝生产的实施、维护与案例；第二部分详细介绍赛汝生产系统的设计优化方法。本书主要以赛汝生产概念介绍为辅、以介绍赛汝生产的最优系统设计方法为主，以期让读者快速理解赛汝生产的概念和基本特点，以及让读者深刻掌握如何设计最优的赛汝生产系统。

　　本书的读者包括：希望了解赛汝生产方式和掌握赛汝生产系统最优设计方法的师生，希望了解和应用赛汝生产方式的生产企业的管理者或工作人员，从事与产业结构转型升级有关工作的政府人员，以及与工业工程和管理领域相关的学者、研究生或从业人员。

图书在版编目(CIP)数据

赛汝生产系统的设计优化 / 于洋，唐加福著.—北京：科学出版社，2020.11

　(Seru生产方式丛书)

　ISBN 978-7-03-062972-2

　Ⅰ.①赛…　Ⅱ.①于…　②唐…　Ⅲ.①柔性制造系统－最优设计－研究　Ⅳ.①TU528.06

　中国版本图书馆CIP数据核字(2019)第242887号

责任编辑：张艳芬　乔丽维 / 责任校对：王　瑞
责任印制：吴兆东 / 封面设计：蓝　正

科 学 出 版 社 出版
北京东黄城根北街 16 号
邮政编码：100717
http://www.sciencep.com

北京中石油彩色印刷有限责任公司 印刷
科学出版社发行　各地新华书店经销
*
2020 年 11 月第 一 版　开本：720×1000 1/16
2021 年 5 月第二次印刷　印张：14
字数：265 000
定价：119.00 元
(如有印装质量问题，我社负责调换)

序

    赛汝生产是为了克服流水生产线在进行多品种小品量生产时柔性不足的缺点而提出的，具有快速响应、柔性好、效率高等优势，已被日本很多电子工业企业采用。今天的中国也存在人力资源成本迅速上升、大规模生产的流水生产线向海外转移等情况，因此借鉴赛汝生产去解决这些问题具有积极意义，对国内产业结构转型升级很有裨益。

    在日本，关于赛汝生产的新闻报道、学术论文和专著已经有很多，但是除日文之外关于赛汝生产的著作则很少。该书是《Seru 生产方式丛书》的第二部，对国内学者、企业管理者和工人了解赛汝生产的特点有重要意义，对相关学者和研究生掌握赛汝生产系统的优化设计方法更有重要意义。

    该书作者一直从事赛汝生产的研究工作，在重要国际期刊 EJOR、CIE、IJPR、IJPE 上发表多篇关于赛汝生产的学术论文，向世人介绍赛汝生产的优点和系统设计优化方法。该书很好地介绍了赛汝生产的基本概念和特点，更重要的是详细介绍了赛汝生产的系统设计优化方法。这些内容对国内从事生产制造、工业工程等研究和实践的专业人员了解赛汝生产、掌握赛汝生产系统设计优化的方法提供了很好的专业资料。

    真诚希望该书能够促进赛汝生产在中国的发展和广泛应用，加速中国由制造大国向制造强国的转变。

Ikou Kaku   东京都市大学教授

殷   勇   日本同志社大学教授

2019 年 6 月 28 日

前　言

他山之石，可以攻玉。正是抱着这样的理念，我们撰写了本书，即《Seru 生产方式丛书》的第二部。

赛汝生产是源自日本企业生产现场的一种新生产模式，能够很好地适应市场需求变动的多品种小批量、变种变量的顾客市场环境，以及劳动力成本高的生产环境，已经被很多日本企业采用。目前中国正面临着经济结构转型升级、由制造大国向制造强国转变的机遇与挑战，生产模式也需要从单一品种的大规模生产过渡到灵活适应全球化市场、多品种小批量及变种变量的生产上来。中国目前的生产方式仍是以流水生产线为主，更有必要学习国外先进的生产组织与管理模式。

日本已经出现了一些介绍赛汝生产方式的新闻报道、学术论文和专著，但这些文献都是日语。截至目前，这种新的生产方式已广泛地应用于亚洲的电子工业，吸引了欧美学者加入对赛汝生产的研究工作中。近年来，中国、日本和美国三方合作的研究人员针对此主题已经取得一些重要进展，先后在该领域重要期刊上发表了多篇学术论文，并得到了国际学术界的认可。为了推进该研究在国际上得到更广泛的认可，也为中国学者在该领域走向国际学术前沿搭建国际学术交流平台，国家自然科学基金委员会管理学部于 2014 年资助了重点国际(地区)合作研究项目"流水-单元混合装配系统的优化设计与批调度的理论与方法"(71420107028)。本书内容源自该项目的重要研究成果。撰写本书的宗旨是：一方面介绍赛汝生产的系统设计优化方法，为我国管理学界特别是工业工程与管理领域的青年学者和研究生进一步了解和深入研究赛汝生产方式提供专业资料；另一方面期望能够将赛汝生产方式介绍给我国的生产企业，也为我国企业特别是电子装配企业推广和实施该生产组织管理模式提供指导和借鉴。

本书共分两部分。第一部分(第 1～4 章)简要地介绍赛汝生产的产生背景，赛汝生产的基本概念，赛汝生产的特点和优缺点，赛汝生产的实施、维护与案例。第二部分(第 5～12 章)对赛汝生产的研究进行综述，并详细介绍赛汝生产系统的设计优化方法。

特别感谢国家自然科学基金管理学部重点国际(地区)合作研究项目(71420107028)、面上项目(71571037)和青年项目(71601089)对本书的支持。感谢作者所在课题组的教师和研究生多年来孜孜不倦地开展研究。

限于作者水平，书中难免存在不足之处，恳请广大读者批评指正。

作　者

2020 年 6 月

目　　录

第二部分　赛汝生产系统设计优化方法

第一部分 赛汝生产方式

第1章 典型生产方式及赛汝生产的产生

1.1 典型生产方式

按照出现时间的先后顺序，人类社会公认的典型生产方式概括如下。

1.1.1 科学管理

美国弗雷德里克·温斯洛·泰勒(Frederick Winslow Taylor)首次将科学方法运用到管理中，被认为是西方管理学的开端，泰勒因此被称为科学管理之父。科学管理的内容主要包括时间分析、标准化、工作定额、计件工资。时间分析是利用时间计时器和录像等技术记录工人的动作并进行工人作业的时间分析，找出动作不合理的地方从而进行改善。当时，泰勒采用笨重的电影摄影机和大时钟来记录工人的作业，概括来说是将作业时间数值化、把作业过程中隐藏的浪费找到并去掉。时间分析是工业工程(industrial engineering, IE)的一项重要内容。标准化包括工具标准化、作业动作标准化、作业环境标准化等，通过标准化把不合理的因素予以去除。工作定额是在单位时间内规定的生产产品数量或应完成的工作量。由于工作定额的存在，工人对产量有一个明确的目标，对于达不到要求的工人，工作定额会起到促进工人学习和提高能力的作用。另外，工作定额还起到约束工人和提高管理效率的作用。计件工资是依据生产合格品的数量和预先规定的每件产品单价来计算报酬，而不是直接用劳动时间来计量的一种工资制度。计件工资是一种差别工资方案，用来改进计时工资的缺点，避免了工人出工不出力的情况，能有效提高生产效率。目前，科学管理方法仍然在我国很多企业中使用，还在发挥着重要作用。

1.1.2 流水生产线生产方式

流水生产线生产方式是由美国亨利·福特(Henry Ford)首次实现的，因此也称为福特生产方式、福特制、大规模生产方式或传送带生产方式。以福特汽车流水生产线为代表的大规模生产模式，标志着现代工业的开端。流水生产线生产方式极大地提高了生产效率，改变了人类的生产和生活方式。福特于1913年在密歇根州的海兰德公园建立了全球第一条生产福特汽车的流水生产线，开创了世界制造业的新纪元，把欧洲企业领先了几百年的单件生产方式转变为大规模生产方式。福特的这条生产线实现了劳动分工的思想并采用了泰勒的科学管理方法。在技术上，采用了传送带，并将汽车生产与组装分解成若干个小工序，各个工序沿着传送带摆成一条长线，每个工人负责较少的几个工序。汽车连续不断地通过各个工作地，按顺序进行加工并组装出产品。由于对生产进行了细致的分工，降低了各个工序的作业难度，因此有利于工人快速、熟练地掌握其负责工序的作业内容，从而极大地提高了生产效率。在福特式流水生产线生产之前，汽车是由熟练工人一台台手工制作出来的，是一种非常昂贵的产品。在采用流水生产线生产之后，作业被细分从而变得简单，即使经验很少甚至没有经验的工人也能进行生产。于是，汽车价格迅速降低，走上了大众化道路，进入了寻常百姓家。

流水生产线生产方式意义重大，由于每个工人只负责 1 个或少数几个工序，因此根据学习曲线原理，工人操作的熟练度会得到迅速提升，从而大大提高了生产效率，使大规模生产成为可能。一个流水生产线生产的简化图如图 1-1[1]所示。流水生产线生产方式是一种对象专业化生产方式，生产布局按照对象专业化原则设置，即按照生产产品的工艺顺序来布局工作场地，使产品按照特定的速度，依次经过各个工作地(工序)进行加工直到生产出成品。

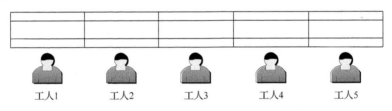

图 1-1　一个流水生产线生产的简化图[1]

流水生产线生产方式具有以下特点：①高度实现了工作细化、标准化的作业；②实现了大规模生产，成为支撑经济社会进步的重要方式。流水生产线生产方式的最大优点，极端地说，就是即使当天招聘的员工也可以通过半天的培训实现在传送带上称职地完成工作(分工使得工序简单)，而且现场的管理监督工作也可以很容易实现。

近几十年，中国的企业大量使用流水生产线生产方式，也是因为这种方式不需要先进的管理方法。步入 21 世纪以来，中国的崛起是这期间世界上最大的经济变化，而流水生产线生产模式功不可没，因为中国的劳动力资源与其他国家或地区相比有明显的优势。在中国甚至出现了超过 10 万名员工从事代工生产的企业，在这些代工生产的企业里，产品生产与组装基本上采取流水生产线生产方式。一条自动传送带在中间，两边安装着照明灯和操作台，几十个工人在两侧的操作台上进行着重复劳动，不间断地生产着大量产品。

但企业要想利用流水生产线大规模生产盈利，需要满足一个前提条件，即所生产产品的市场需求无限大或产品供不应求。最著名的一个例子是福特生产的 T

型车。从第一辆 T 型车面世到停产，共有 1500 多万辆 T 型车被销售。流水生产线生产方式虽然为人类社会的发展做出了巨大贡献，但也存在如下缺点：①适用条件固定，即仅适用于顾客需求量大、产品单一的市场环境；②容易形成大量库存；③柔性欠佳，在面对多品种、小批量的市场环境时，流水生产线模式的生产效率往往不佳；④流水生产线生产方式是串行的，局部的异常对全局的影响很大；⑤效率只受传送带速度/瓶颈工序、工人的影响，局部的改善对全局的影响不大；⑥工人重复着几个简单动作的劳动。

1.1.3　欧洲式单元生产方式

欧洲式单元生产也称为传统的单元生产(cellular manufacturing，CM)，是在 20 世纪 60 年代中期，欧洲工业界提出的一种基于成组技术(group technology，GT)的生产方式。这里的单元是由具有相似功能的机器组成的加工中心组成，主要完成部分特定工序的加工任务，以昂贵的机器特别是数控设备为中心，主要是针对加工过程。欧洲式单元生产通过快速改变自身组织结构来响应市场变化，为加工相似工艺的零件族提供高柔性。

欧洲式单元生产的核心是成组技术[2-4]，成组技术把结构、材料、工艺相近的零件组成一个零件族(组)，按零件族进行加工，从而扩大批量、减少品种、提高生产效率。在几何形状、尺寸、功能、材料等方面的相似称为基本相似性；在制造、装配等生产、经营、管理方面的相似称为二次相似性或派生相似性。

欧洲式单元生产不按照产品种类来安排生产，而是通过工艺专业化(更具体的为分组)来安排生产，适用于多品种、小批量生产。将相似零件及工艺设备分组以形成一个群组，在一个设备单元中进行生产，因此可以共用设备，达到利用少数设备生产多种产品、零件的目的。当设备昂贵时，欧洲式单元生产效益可观。实施欧洲式单元生产主要包括以下三步。

(1) 单元构建。依据零件的加工流程信息，把零件和设备分别分到相应的零件族或设备组。单元构建是建立在成组技术的基础上，利用产品中零件的加工工艺内在相似性，按照加工工序信息，得出零件-设备关系矩阵，然后通过对此矩阵的分析，得到最后的零件族。单元构建的目标是：最大化单元内设备的利用率，最小化跨单元的费用[4]。

(2) 单元布局。规划各个单元的布局，每个单元内规划各台设备的位置分布。设备布局对单元系统的生产效率及物料传输费用、传输时间及生产柔性都有重大影响。单元布局不仅要保证工人移动灵活，还要使工人在设备间的走动距离和时间最小，通常采用 U 形布局方式。

(3) 单元调度。按照生产作业计划在每个单元内进行调度，其调度与控制是制造单元系统能够顺畅运作的保障，涉及单元内调度和单元间调度。当对一个单元进行零件加工或批次调度时，对应的是单机调度；当对多个单元进行零件加工或批次调度时，对应的是多机调度或单元间调度。多机调度又分为相关平行机调度和非相关平行机调度[5]。

1.1.4　丰田生产方式

丰田生产方式(Toyota production system，TPS)，又称为精益生产(lean production，LP)方式。丰田生产方式是在丰田汽车公司经历了 20 世纪 50 年代濒临破产的危机后逐步建立起来的，是在危机意识中发展起来的。

适合大规模生产的美国福特流水生产线生产方式，在 1973 年以前的经济高速增长时代被认为是最好的生产方式。但是，当 1973 年 10 月爆发第四次中东战争后，石油输出国组织为了打击以色列及支持以色列的国家，宣布石油禁运、暂停出口，造成油价飞速上涨，由此极大地提高了企业的生产成本，日本企业受到很大打击，普遍出现经营赤字，唯独丰田汽车公司保持盈利，而且连续多年荣登日本企业利润第一宝座。在探究丰田汽车公司保持盈利的秘诀时发现了丰田生产方式，丰田生产方式的创建人大野耐一被邀请做公开演讲，系统介绍丰田生产方式的基本思想和具体做法。

20 世纪 70 年代末，全球爆发了第二次世界石油危机，再次导致企业的生产成本剧增，极大地打击了欧美的汽车产业，但以丰田汽车公司为代表的日本轿车却大举进入美国市场，表现出了强大的市场竞争力。由此，丰田生产方式在国际上一举成名，开始被世界各国关注。美国、欧洲、中国也都派人到丰田汽车公司考察学习[6, 7]。

丰田生产方式的核心内容包括准时制(just in time，JIT)生产、自动化、零库存等，核心思想是降低浪费，通过调用一切可调用的智慧，消除工厂内各种各样的多余和浪费。准时制生产的主要目的是通过改善活动去除隐藏在企业里的各种浪费现象，从而达到降低成本的目的。在丰田生产方式中，看板是实施准时制生产的手段[8]。与前道工序向后道工序推送的推式生产方式相比，看板方式是拉式生产，即后道工序拉动前道工序。自动化，防止生产不合格产品，是丰田生产方式的重要内容。自动化的思想是：一旦出现异常，就立即自动地停止工作，让人将其恢复到原来的正常状态。零库存是丰田生产方式的一个重要概念，指物料(包括原材料、半成品和产成品等)在采购、生产、销售、配送等过程中，不以仓库存储的形式存在，而均是处于周转的状态。为了实现零库存，丰田生产方式采用了准时制生产和看板管理，另外，生产也由面向库存的生产方式转变为面向订单的生产方式。快速换线，丰田生产方式采用了混装线来应对多品种的市场需求，这也是减少浪费的一个重要环节。

丰田生产方式也被日本板硝子、川崎重工(摩托车工厂)、大金工业、日立这类非汽车生产厂商及 Seven Eleven 这类非制造业引入，并取得了一定的成果[9]。但日本的电子产业迟迟没有实现丰田生产方式，因为丰田生产方式在面对市场需求变动、产品品种变动、产品批量变动时也无能为力。佳能公司和索尼公司在生产电子产品时，采用丰田生产方式就失败了，通过总结失败原因得出：①电子产品有多品种、小批量、顾客需求不稳定的特性，而丰田生产方式主要面向需求相对稳定的多品种、中小批量的市场环境；②面对多品种、小批量、变种变量的生产需求时，丰田生产方式混装线的快速换线作用非常有限。

1.2　制造业的现状

制造业的现状要从多个角度来描述：在生产技术方面，制造业向自动化、信息化、智能化、系统化、集成化、网络化等方向发展；在产业范围方面，制造业向集群化、全球化方向发展；在生产方式上，制造业向满足顾客需求的订单式生产方向发展；在市场方面，制造业面临着多样化、个性化、分散化的市场环境；从国家角度看，高端制造业及附加值高、利润大的制造业仍掌握在发达国家手中，低端制造业及附加值低、利润小、污染高的制造业向发展中国家、人力成本低的国家和地区转移。另外，目前的制造业还要考虑可持续发展，制造业的生产对环境的影响要降到最低，产品要无污染、资源消耗低、可回收等。

为了适应目前制造业的现状，世界制造业强国纷纷推出相应的制造业计划。德国提出工业 4.0，利用信息技术、网络技术提升制造业的智能水平。美国提出工业互联网，制定《先进制造业国家战略计划》，振兴国内工业。日本提出"工业价值链倡议"，有 60 多家制造业、IT 企业参加，从技术角度推动智能制造，推动智能工厂的实现。中国提出"中国制造 2025"计划，通过"三步走"战略，实现制造强国的战略目标，提出要在制造业数字化、网络化、智能化方面取得明显进展。

这是自第一次工业革命以来，中国第一次跟上世界工业变革的步伐，但从上述内容可以看出，相对于美国、德国和日本，中国不但要大幅提升先进生产制造的技术，还要弥补以前的欠账，即解决质量不高、创新能力不足、全员技术能力低、工业能耗大等问题。另外，中国的制造业还面临如下问题。

(1) 大而不强。中国现在是制造大国但不是制造强国，距离公认的制造强国还有很大差距，在国际制造业中的分工还处于中低端。

(2) 多数产业属于劳动力密集型产业，产品附加值低。劳动力密集是因为中国劳动力成本低，产品附加值低意味着利润率低，有的企业还出现了亏损。

(3) 技术不高，开发能力不足，知名品牌缺乏。这是历史原因造成的，由于近代中国处于半殖民地半封建社会，中国制造与世界的差距越来越大，直到中华人民共和国成立尤其是改革开放之后，中国制造业才缩短了与世界的差距，但技术上的差距仍然较大。

（4）全员技术水平差，劳动力成本低的优势逐渐消失。在中国的工人大军中，具有高技能水平的工人比例仍然很低，很多工人是从事农业生产的人员经过简单的培训进入工厂。随着中国经济的迅速发展，中国劳动力成本已经不具有优势。

（5）产能过剩。现在很多行业都出现了产能过剩问题，导致库存大量积压，严重影响了产业的正常发展。产能过剩的主要原因是没有按照订单进行生产。

目前中国制造业面临的一个主要挑战是，如何通过产业结构转型升级，从制造产业链的中低端向中高端迈进。因此，中国制造业需要学习国外先进制造技术、先进生产组织和管理方式，赛汝生产就是一种源自日本生产现场的新型生产管理方式。

1.3　赛汝生产方式的产生

赛汝生产又称为佳能式单元生产、日本式单元生产或赛鲁生产，是一个或几个工人完成一件产品的、独立完成性高的生产方式，是为了克服流水生产线生产方式的缺陷而提出的。赛汝生产产生于 20 世纪 90 年代日本企业的生产现场，为了与传统的单元生产相区别，当时称为 Seru Production[10, 11]，其中 Seru 为单元在日语中的发音。

赛汝生产是基于流水生产线生产方式的创新，是生产方式在日本的最新发展形态，是一种兼具柔性和效率的先进生产方式，能够适应设备投资额小和多品种、小批量的市场需求。赛汝生产[10-13]是为了克服流水生产线生产的刚性从而适应多品种、小批量市场需求，以人为中心的生产方式，具有高度自治且不断学习的能力。

1990 年 1 月，日本股市和地价暴跌，日本泡沫经济崩溃，日本制造业由此受到了巨大冲击，企业自动化程度的扩大趋势也被遏制。与此同时，企业面临消费者需求品种多样、需求量波动等难题，这些棘手问题使企业认识到流水生产线生产不再适应新的市场环境，必须寻求新的生产模式。因此，高柔性、高效率、低成本的生产理念开始受到关注[14]。赛汝生产方式在 20 世纪 90 年代中期作为一种代替流水生产线生产方式的新生产方式受到重视。日本一些企业包括佳能公司、索尼公司、NEC 公司、松下电器公司等电器、电子产业部门，特别是以组装为中心的作业引进了这种生产方式。由赛汝生产方式生产的产品包括相机、电脑、手机等电子产品。在上述企业中，由流水生产线生产方式产生的浪费在更换为赛汝生产方式后有所减少，并且赛汝生产方式能够更加有效率地进行生产。

20 世纪 90 年代以后，日本的泡沫经济崩溃，经济增长停滞不前。另外，由于日本的劳动力成本增高，日本企业有被劳动力成本低的国家和地区企业所取代的危险。为了在经济不景气中也能谋求利润，日本开展了一系列应对措施。但是，广场协议的签订使日元大幅升值，日本的出口企业纷纷加强向劳动力成本低的国家或地区开拓市场、建立海外市场，从而使得日本本地的工厂逐渐消失。伴随着生产基地向国外转移及直接投资，日本出现了产业空洞化，空洞化使得日本国内的制造企业及产业疲软。日本意识到不应该一味地进行产业和技术转移，实行领先于世界、不断革新的技术和组织模式才是最重要的，留在日本的企业则肩负这样的使命。另外，为了在海外工厂顺利推行总公司生产制造的理念和先进的生产方式，留在日本的企业要发挥母体工厂的作用，具体需要发挥以下作用：①把先进生产知识变成可视化指南，并实现标准化；②培养能够活跃在全球化环境的人才，使其成为日本国内生产的指导员或海外工厂的特派员；③作为培训中心，培养海外工厂的高级技术员；④创新生产方式，使母体工厂成为领先世界的生产模式、生产技术及技能的基地。这样在外国的工厂能够依据母体工厂所提供的技术、人力、解决方案去解决其自身的问题，最终实现自立运营。

由此，留在日本国内的母体工厂培育出赛汝生产方式，现在日本的大多数制造企业也逐渐采用赛汝生产方式。与流水生产线生产方式相比，赛汝生产方式能够更有效地应对多品种、小批量生产，并且能提高生产效率、削减设备投资、缩短生产周期、缩小生产空间、减少库存、减少工人、提高质量等[14-18]。日本统计资料显示，采用赛汝生产方式的企业正在逐年增加，赛汝生产方式现在已经成为日本十分流行的生产方式。之所以赛汝生产产生于 20 世纪 90 年代的日本，是与日本的生产环境息息相关的。第二次世界大战结束以后，日本经济实现了高速增长，取得了举世瞩目的成就，这期间的市场环境可概括为如下三个阶段[19]。

(1) 1970 年之前日本的市场环境。在 1970 年之前，日本的生产方式以流水生产线生产方式为主。当时的日本处于物资供应匮乏时期，需求远远大于供给，此时企业即使只生产单一品种产品也供不应求。这期间日本工业迅速跟上了世界工业的脚步，是大规模生产在日本的黄金时期。

(2) 20 世纪 70～90 年代日本的市场环境。从 20 世纪 60 年代后半期到 70 年代，大规模生产带来了大量库存，日本国内经济不景气，主要表现为产品滞销。而且，新加坡等亚洲四小龙的制造业越来越发达，面对这些对手，日本企业陷入了价格大战的泥潭。为了应对顾客需求多样化且提高企业竞争力，在 20 世纪 70～90 年代，丰田公司提出丰田生产方式。虽然丰田生产方式能够处理多品种，但前提是品种要提前确定，并且批量也不应太少。丰田生产方式在当时取得了举世瞩目的成就，在这期间，日本的制造业尤其是汽车产业让世界刮目相看，日本经济达到了历史巅峰。

(3) 20 世纪 90 年代后日本的市场环境。20 世纪 90 年代以后，泡沫经济破灭，日本进入了经济低迷期，为了在这种情况下取得利润，日本企业提出赛汝生产方式。在这期间，员工老龄化和青年劳动力缩小的现象越来越显著，而且日元大幅升值，很多流水生产线模式的工厂也迁移到中国和东南亚等劳动力成本低的国家和地区，流水生产线模式在日本已经很难再有生存空间。这时期的顾客需求表现为品种和数量都不确定，简称变种变量。由于品种和产量都变化，难以提前做出科学的生产计划，因此流水生产线生产方式和丰田生产方式难以应对变种变量的顾客需求。原因如下：①品种不确定，此时为了适应品种的非预期变动，流水生产线生产方式和丰田生产方式需要改变生产线，而生产线的变动势必影响其他产品的生产；②生产批量减少，流水生产线的大规模生产优势没有了；③更换次数增多，丰田生产方式快速换线对更换次数太多的生产也无能为力；④生产变动导致生产提前期延长；⑤半成品数量增加；⑥产品生命周期缩短；⑦高额设备利用率低。在流水生产线和丰田生产的基础上进行的改进也难以从本质上解决这些问题。

　　为此，一种新的生产方式——赛汝生产在日本的生产现场被提出以适应新的顾客需求和市场环境。

参 考 文 献

[1] Yu Y, Gong J, Tang J F, et al. How to do assembly line-cell conversion? A discussion based on factor analysis of system performance improvements[J]. International Journal of Production Research, 2012, 50(18): 5259-5280.

[2] Wemmerlov U, Johnson D J. Cellular manufacturing at 46 user plants: Implementation experiences and performance improvements[J]. International Journal of Production Research, 1997, 35(1): 29-49.

[3] Wemmerlov U, Hyer N. Reorganizing the Factory: Competing Through Cellular Manufacturing[M]. Portland: Productivity Press, 2002.

[4] 王建维. 制造单元构建的关键技术研究[D]. 大连: 大连理工大学, 2009.

[5] 杰克逊, 黄力行. 单元生产系统: 一种有效的组织结构[M]. 北京: 机械工业出版社, 1985.

[6] 凌国良. 关于丰田生产方式的形成过程及在中国企业的应用研究[D]. 杭州: 浙江大学, 2005.

[7] 蔺宇. TPS 的过程成本控制与评价方法研究[D]. 天津: 天津大学, 2007.

[8] 石川庆悟. 丰田汽车公司的发展经验及其对中国的启示[D]. 保定: 河北大学, 2013.

[9] 都留康. 生产系统的革新与进化(日文)[M]. 东京: 日刊评论社, 2001.

[10] Stecke K E, Yin Y, Kaku I. Seru: The organizational extension of JIT for a super-talent factory[J]. International Journal of Strategic Decision Sciences, 2012, 3(1): 105-118.

[11] Yin Y, Kaku I, Stecke K E. The evolution of Seru production systems throughout Canon[J]. Operations Management Education Review, 2008, 2: 35-39.

[12] 刘晨光, 廉洁, 李文娟. 日本式单元化生产——生产方式在日本的最新发展形态[J]. 管理评论, 2010, 5: 93-102.

[13] Kono H. The aim of the special issue on Seru manufacturing[J]. IE Review, 2004, 45: 4-5.

[14] 白玉芳. Seru 生产系统构建时机决策研究[D]. 西安: 西安理工大学, 2012.

[15] Yin Y, Liu C, Kaku I. Some underlying mathematical definitions and principles for cellular manufacturing[J]. Asia-Pacific Journal of Operational Research, 2013, 2: 1-22.

[16] Yin Y, Stecke K E, Swink M, et al. Lessons from Seru production on manufacturing competitively in a high cost environment[J]. Journal of Operations Management, 2017, 49: 67-76.

[17] Yin Y, Li M, Kaku I, et al. Design a just-in-time organization system using a stochastic gradient algorithm[J]. ICIC Express Letters-An International Journal of Research and Surveys, 2011, 5(5): 1739-1745.

[18] 于洋, 唐加福, 宫俊. 通过生产线向单元转化而减人的多目标优化模型[J]. 东北大学学报 (自然科学版), 2013, 34(1): 17-20.

[19] 于洋, 唐加福. Seru 生产方式[M]. 北京: 科学出版社, 2018.

第 2 章　赛汝生产的基本概念

2.1　赛汝的定义和类型

赛汝是赛汝生产中最基本的组织单位，是赛汝生产能够顺利实施的基础。

2.1.1　赛汝的定义

赛汝是一个生产单元，这个生产单元包括几个简单的设备和一个或几个能操作多个设备的工人(即多能工)[1, 2]。在赛汝中的工人需要能够操作这个赛汝中大多数或全部工序/设备。

具有代表性的赛汝布局形状有直线形、U 字形、花瓣形、货摊形等。U 字形布局方式在赛汝生产中使用比较频繁。直线形布局适合品种少、产量大的连续生产。U 字形布局形状像英文的 U，该布局方式缩短了工人和工序/设备间的距离，所需要移动的总距离较短，原材料和完工品都是放置在 U 字形开口的通道处。花瓣形布局的赛汝，从上向下看，像盛开的花瓣。货摊形布局，顾名思义，布局方式像卖货的货摊一样紧凑，适合单人式赛汝的生产。

2.1.2　赛汝的类型

概括起来，有三种普遍公认的赛汝类型[2, 3]：分割式赛汝、巡回式赛汝和单人式赛汝。

1) 分割式赛汝

分割式赛汝是将赛汝分割成几个分割块，一个分割块的作业完成之后交给下一个分割块。工人所承担的工序和作业比流水生产线生产方式要多。一个分割式赛汝的实例图如图 2-1 所示。

如图 2-1 所示，在分割式赛汝中，每个工人不需要能操作所有工序，这样就使得实施赛汝生产所必须进行的多能工培训相对简单。分割式赛汝是赛汝生产的初级阶段，也是最容易实施的赛汝生产方式，尤其在缺少全能工或全能工培训没有取得有效进展时，分割式赛汝是实施赛汝生产的唯一可行而有效的方式。

分割式赛汝具有以下缺点：①串行化工作方式，很难提高组织效率；②不同分割块的加工时间很难一致；③在制品库存会在两个加工时间不一致的分割块间产生；④分割块容易不平衡；⑤分割式赛汝的平衡性需要调整。

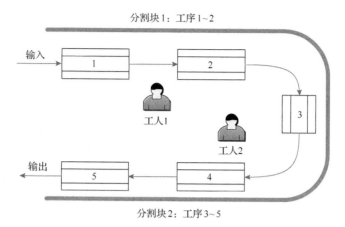

图 2-1　一个分割式赛汝的实例图

随着工人作业熟练度的提升及全能工培训的深入，工人会由掌握赛汝中部分工序的操作方法升级为能够操作赛汝中的所有工序，即工人成长为全能工，此时可形成更高级的赛汝形式，即巡回式赛汝和单人式赛汝。

2）巡回式赛汝

巡回式赛汝是由几个工人共同负责一个赛汝，其中的工人都是全能工，以相近的生产速度在赛汝中来回进行工作，有的文献也将其称为逐兔式赛汝。一个巡回式赛汝的实例图如图 2-2 所示。

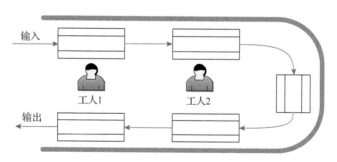

图 2-2　一个巡回式赛汝的实例图

在巡回式赛汝中，每个工人都能操作赛汝中的全部工序，巡回作业 1 周则完成一件产品，是一种自我完结性高的作业方式。在构建巡回式赛汝时，将工作效率相同或相近的工人安排在一个巡回式赛汝中是非常必要的。但是对于多个工人，其工作效率完全相同是很难发生的，即使是相近也比较困难。

巡回式赛汝通常在以下情况中使用：①不缺少全能工或全能工培训取得有效进展时；②工人的技能水平相同或相近；③有意实施中等产量生产的赛汝生产。

巡回式赛汝具有以下优点：①能够容易应对产量需求发生变动的情况；②没有因前后工序作业时间不同而产生的在制品库存；③工人速度提升，巡回式赛汝的性能也会得到改善。

巡回式赛汝具有以下缺点：①需要全能工；②产生作业干涉、工人交叉的情况；③需要实时关注工人技能水平的不平衡，尤其是工人技能水平发生变化时；④会给速度慢的工人带来较大的精神压力；⑤新工人加入巡回式赛汝时会因为速度慢而受到较大的精神打击。

3）单人式赛汝

单人式赛汝是由一个全能型工人独自负责一个赛汝，也称1人占有1个赛汝，有的文献也将其称为屋台式赛汝。在单人式赛汝中，工人巡回作业，巡回1周完成一件产品，是一种自主完结性高的作业方式。与巡回式赛汝的不同在于，单人式赛汝中只有1个工人。一个单人式赛汝的实例图如图2-3所示。

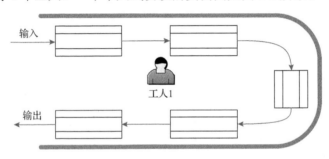

图2-3　一个单人式赛汝的实例图

在单人式赛汝中，工作人员只有1人，不用受限于其他工作人员的作业速度，因此平衡率能够达到100%。由于单人式赛汝不存在工人相互打扰，因此适合生产技术难度高、精密度要求高、高附加值的产品。

单人式赛汝能够应对产品类型的变化，当需要生产一个新产品时，只需构建一个能生产这个新产品的单人式赛汝，而且不会对其他的赛汝造成影响，但是单人式赛汝不适合追求高产量的情形。

单人式赛汝通常在以下情况中使用：①不缺少全能工或全能工培训取得有效进展时；②产品品种变化多，生产量少时；③生产量较少，生产步骤多时。

单人式赛汝具有以下优点：①能够很好地应对品种变化的顾客需求；②不存在速度慢工人影响其他工人的情况；③没有因前后工序作业时间不一致而产生的在制品库存；④能够实现自主管理。

单人式赛汝具有以下缺点：①需要全能工；②不适合追求高产量的情形；③因为工人自己决定自己的生产速度，所以需要制订赛汝定额等一些规章制度进行约束。

2.2　赛汝系统的基本概念

赛汝生产的管理对象是赛汝系统，在实际生产中，有不同类型的赛汝系统。

赛汝系统是指包含一个或多个赛汝的生产组织系统，是赛汝生产的直接管理对象。根据赛汝系统中包含的赛汝和是否有流水生产线，可将赛汝系统概要地分为纯赛汝系统和混合流水生产线式赛汝系统。

1) 纯赛汝系统

纯赛汝系统是指只包含一个或几个赛汝而不包含流水生产线的赛汝系统。根据包含赛汝的类型，纯赛汝系统又可分为纯分割式赛汝系统、纯巡回式赛汝系统和纯单人式赛汝系统。

纯分割式赛汝系统是仅包含一个或多个分割式赛汝的赛汝系统。纯巡回式赛汝系统是仅包含一个或多个巡回式赛汝的赛汝系统，一个纯巡回式赛汝系统的实例图如图 2-4 所示。纯单人式赛汝系统是仅包含一个或多个单人式赛汝的赛汝系统。

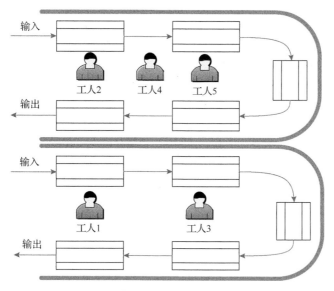

图 2-4　一个纯巡回式赛汝系统的实例图

2) 混合流水生产线式赛汝系统

混合流水生产线式赛汝系统是包含一个或几个基本类型的赛汝并包含一部分流水生产线的生产组织系统。这部分流水生产线被保留是因为：①设备比较昂贵，不适合在每个赛汝中复制；②工人不是多能工，只能操作流水生产线上的一道工序。一个简单的混合流水生产线式赛汝系统的实例图如图 2-5 所示[4]。

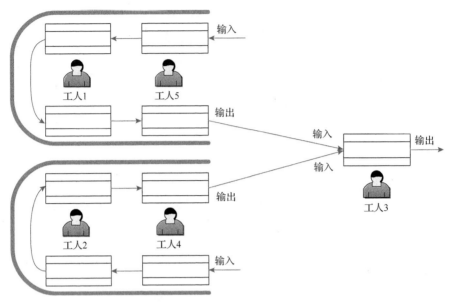

图 2-5　一个简单的混合流水生产线式赛汝系统的实例图[4]

2.3　赛汝生产的定义与适用范围

不同学者对赛汝生产的定义不尽相同，但概括来说，赛汝生产是以赛汝为基本生产单位，由一个或几个工人组成且自我完结程度高的生产方式，核心是如何构建赛汝及如何高效地管理各个赛汝以适应顾客需求。在赛汝生产的起源方面，Yin 等[5]认为，赛汝生产起源于欧洲的单件式手工生产。赛汝生产方式不是新的概念，而是从史前开始人们一直进行的生产活动的起点，是人类生产的起点，赛汝生产是单件式手工生产的回归。有的学者[6-8]认为，赛汝生产是为了解决流水生产线生产的柔性不足和受制于操作速度最慢工人而发展来的。

赛汝生产是为了解决流水生产线生产方式的缺点而被提出，其生产方式具有欧洲单件式手工生产的特点，但比欧洲单件式手工生产的工序更多、从事生产的工人数更多、管理上也更复杂。另外，赛汝生产也吸收了丰田生产方式的优点，如零库存、准时制生产等。

并不是所有生产都适合用赛汝生产方式。赛汝生产方式的适用范围受顾客需求、生产环境、工人水平、设备费用、工序组编等因素的影响。

(1)赛汝生产适用于多品种、小批量的顾客需求。

(2)赛汝生产适用于高附加值产品领域[9]。高附加值的产品通常具有品种多、批量小、顾客需要时间紧、工序精密等特点。

(3) 赛汝生产适用于人工成本高的生产环境。

(4) 赛汝生产适用于工人愿意学习和工作积极性高的企业。

(5) 赛汝生产适用于设备成本不高的生产现场。赛汝中所使用的设备通常是小型且价格不高的设备，或者大型设备通过小型化转变成具有核心功能但价格低的设备。

(6) 赛汝生产不适合于尺寸太大或太重的产品[10]，也不太适合于工序加工时间较长的产品。

2.4　赛汝生产方式与流水生产线生产方式的比较

赛汝生产与流水生产线生产方式的不同在于：

(1) 赛汝生产方式的柔性比流水生产线生产方式好。赛汝生产系统中通常会配置多个赛汝，每个赛汝负责一个或几个类型的产品，当生产不同品种的产品时，只需将产品指派给相应的赛汝，不必进行频繁的换线操作。

(2) 流水生产线生产方式谋求减少产品类型变更的次数。赛汝生产并不谋求生产批量的集中化、大量化，只需根据市场的需求组织生产。

(3) 流水生产线生产方式往往会造成大量成品库存、半成品库存。赛汝生产方式不会造成大量成品库存、半成品库存，这是因为赛汝生产不追求大批量生产。

(4) 流水生产线生产大多采用按计划生产方式。赛汝生产适合于面向订单生产。

(5) 流水生产线生产的组织管理方式是分工。赛汝生产的组织管理方式是多能工和赛汝自治，赛汝生产是以追求所有工人生产效率最高为目标的生产系统。

(6) 相比以前的流水生产线，现在的流水生产线更加大型化、自动化。赛汝生产使用的是轻便的设备[11, 12]。

(7) 在流水生产线生产方式中工人的生产积极性不高。在赛汝生产中工人的生产积极性高。

(8) 流水生产线生产方式将工人看成机器。赛汝生产赋予了工人一定的自主权，工人可主动地与生产相结合，发挥自己的最大能力。

(9) 在流水生产线生产方式中，通常会配置传送带设置、大型设备，会消耗相当多的电能。在赛汝生产方式中，不使用大型设备，而且赛汝生产的使用空间大量减少，空调用量随之减少，因此减少了能源的消耗。

(10) 流水生产线生产方式是串行的。赛汝生产方式由于有多个赛汝可生产同种产品，因此是并行化的生产。

综上所述，赛汝生产方式和流水生产线生产方式的不同之处可概括为表 2-1。

表 2-1　赛汝生产方式和流水生产线生产方式的不同之处

比较项目	流水生产线生产方式	赛汝生产方式
柔性	低	高
生产批量	谋求大批量，不适合小批量	不谋求大批量，适合小批量
库存	容易产生大量成品库存、需要半成品库存、存在在制品库存	不产生大量成品库存、有时需要半成品库存、在制品库存低于流水生产线生产
生产方式	适合按计划生产	适合按订单生产
组织管理	分工	多能工、自治
生产形式	串行化	并行化
目标	提高最慢工人效率	追求所有工人效率最高
设备投资	高	低
自动化程度	高	低、手工操作为主
工人积极性	低	高
对待工人	被动管理	提倡发挥主观能动性
能源消耗	高	低
不合格品	追溯较难，改进时对生产影响较大	追溯容易，改进时对生产影响较小
完结性	需多人完结	1 人完结或少数几人完结
布局	直线形	直线形、U 字形、花瓣形、货摊形
适用情况	工人多是初学者、大规模生产	工人是多能工或全能工、多品种小批量生产
缺点	柔性低、受瓶颈工人制约、投资高、不适用于多品种小批量需求	需要全能工、管理比流水生产线生产方式难
优点	不需技能高的工人、大规模生产时效率高、工艺分工致使管理简单	柔性高、瓶颈工人影响小、投资低、适用于多品种小批量需求

2.5　赛汝生产与欧洲式单元生产的比较

赛汝生产之所以又称为佳能式单元生产或日本式单元生产而不称为单元生产，是因为在赛汝生产出现之前已经有一种单元生产方式，即欧洲式单元生产[13]。赛汝生产与欧洲式单元生产既有相同之处，又有本质区别。

1）赛汝生产与欧洲式单元生产的相同之处

（1）中文都称为单元。在欧洲式单元生产中，单元称为 cell，因此欧洲式单元生产称为 cellular manufacturing，简称 CM。在赛汝生产中，单元称为 Seru，赛汝生产称为 Seru production。赛汝生产在日本称为 Seru seisan，其中 seisan 为日语的生产；在中国称为佳能式单元生产、日本式单元生产或赛鲁生产；在美国称为 Seru production。因此，欧洲式单元生产与赛汝生产都具有单元生产的一些特性。

（2）都可适应多品种、小批量的市场环境。欧洲式单元生产被提出时，主要应对多品种、小批量的市场环境。赛汝生产被提出时，也主要应对多品种、小批量的市场环境。

（3）大多采用紧凑的布局方式。欧洲式单元生产将功能不同的生产设备临近排列，形成能够独立加工一系列相似零件群的单元，因此在欧洲式单元生产中经常使用 U 字形等紧凑的布局方式进行生产。赛汝生产也经常使用 U 字形等紧凑的布局方式进行生产。

（4）都需要多能工。在欧洲式单元生产中，一个单元可以独自承担一个工件/产品从始至终的绝大部分或全部工序，因此在欧洲式单元生产中也需要能完成大部分或全部工序的多能工。赛汝生产中的工人也是多能工，这里的多能工需要操作赛汝中多道工序。

正因为赛汝生产与欧洲式单元生产存在这些相似性，在刚开始的赛汝生产学术研究中，有的学者将赛汝生产方式作为欧洲式单元生产方式的一种类型，有文献[1, 14, 15]就将赛汝生产方式称为装配单元。而随着研究的深入，赛汝生产与欧洲式单元生产本质上的不同被发现，这样赛汝生产才被定义为一种新的生产方式。

2）赛汝生产与欧洲式单元生产的不同之处

（1）出现的背景和目标。欧洲式单元生产出现在 20 世纪 60 年代中期的欧洲工业界，是基于成组技术的，目标是提高面向工艺专业化的车间作业方式的效率。欧洲式单元生产以昂贵的机器特别是数控设备为中心，是面向机器的单元生产。赛汝生产出现在 20 世纪 90 年代中期的日本工业界，目标是克服流水生产线柔性不足和瓶颈工人对整个流水生产线效率的负面影响。赛汝生产以人为中心，通过合理的人员重组来提高生产效率。

（2）加工过程。欧洲式单元生产主要面向加工过程的生产任务，由大设备来完成相应的加工任务，如机械加工、清洗、成型、铸造和热处理。赛汝生产主要针对装配过程的生产任务，由工人组装来完成相应的生产过程，如检查、封装和捆包等。

（3）所用设备。欧洲式单元生产的设备比较昂贵且具有多个功能，因为在欧洲式单元生产中，一个设备经常要加工多种工件，如数控设备。赛汝生产的设备比较简单、便宜、轻便且可移动，赛汝生产是将大型设备进行小型化处理。

（4）单元中的相似性。欧洲式单元生产是将成组技术应用到工厂的生产线整合和布局设计中而形成的，是利用生产设备与生产过程的相似性将相似零件组织在一起进行加工。在赛汝生产方式中，相似技能水平的工人被安排在一个赛汝中。

（5）主要技术。欧洲式单元生产的关键技术是成组技术。赛汝生产的主要技术包括赛汝构造、赛汝调整和赛汝调度。

（6）布局调整或重构。单元的调整或重构比较困难，欧洲式单元生产需要大型、复杂、多功能的设备，不适合进行频繁的重组与调整。但在赛汝生产中，设备是简单、轻便、易移动的，因此赛汝生产可以快速地根据市场的变动进行人员和设备的重组与调整。

（7）主要工作。如果都是从流水生产线生产方式进行转换，那么在转换成欧洲式单元生产时，表现为由产品专业化向工艺专业化转变。从流水生产线生产方式转换成赛汝生产时，表现为工序分工方法和生产设备发生变化。

综上所述，赛汝生产方式与欧洲式单元生产方式的相同之处和不同之处如表 2-2 所示。

表 2-2　赛汝生产方式与欧洲式单元生产方式的相同之处与不同之处

	比较项目	欧洲式单元生产方式	赛汝生产方式
相同	市场环境	多品种、小批量	多品种、小批量
	布局	多采用 U 字形等紧凑布局	多采用 U 字形等紧凑布局
	工人技能	多能工	多能工
不同	出现的背景	20 世纪 60 年代中期的欧洲工业界	20 世纪 90 年代中期的日本工业界
	单元的译名	cell	Seru
	面向的中心	以昂贵的机器为中心，是面向机器的生产方式	以工人为中心，是面向工人的生产方式
	目标	提高面向工艺专业化的车间作业方式的效率	克服流水生产线生产柔性不足和瓶颈工人对整个流水生产线性能的负面影响
	关键技术	成组技术	赛汝构造、赛汝调整和赛汝调度
	加工类型	主要面向加工过程，如机械加工、清洗、成型、铸造和热处理等	主要面向组装过程，如检查、封装和捆包等
	所用设备	昂贵且多功能	简单、便宜、轻便且可移动
	单元构造	设备成组及设备布局	工人到赛汝的指派及设备布局
	相似性	工件/产品的相似性	工人技能水平的相似性
	多能工培养	能操作相似工件/产品的多能工	能操作赛汝中多道工序的多能工
	重组和调整	由于设备的原因不适合进行频繁的重组与调整	可以快速地根据市场的变动进行人员和设备的重组与调整
	进化	没有明显的进化趋势	持续改进与进化，从分割式赛汝向巡回式赛汝进化，并向单人式赛汝进化

2.6　赛汝生产与丰田生产的比较

赛汝生产与丰田生产都起源于日本的工业界，赛汝生产方式的提出晚于丰田生产方式，因此赛汝生产吸收了丰田生产方式的一些优点，但赛汝生产方式明显不同于丰田生产方式。

1) 赛汝生产与丰田生产的相同之处

(1) 适应多品种、小批量的市场环境。丰田生产方式采用混装线的快速换线来生产多种类型的产品。赛汝生产被提出时，也是为了应对多品种、小批量的市场环境。

(2) 减少浪费。丰田生产方式通过减少浪费、降低成本来获得利润。在丰田生产方式中，减少浪费的理念和方法包括零库存、准时制生产和利用看板的拉动式生产。赛汝生产的提出是为了解决流水生产线生产所产生的浪费问题。零库存也是赛汝生产追寻的目标，而且相比丰田生产方式，赛汝生产更有利于实现零库存，这是因为赛汝生产不但是面向订单的生产，而且可以根据客户订单灵活地进行重组，这样就使得生产提前期更短，也不需要提前设置安全库存。

(3) 需要多能工。有学者认为，赛汝生产是丰田式生产中多工程系统的再发展。丰田生产方式的多工程系统是指训练工人能够操作多台机器的标准作业的系统，这样的多工程系统与赛汝生产都需要多能工。

2) 赛汝生产与丰田生产的不同之处

(1) 组织方式。丰田生产方式是在流水生产线生产的基础上，设计了能够生产多种产品的混装线，然后在这个混装线上生产不同的产品。赛汝生产方式是基于赛汝进行的生产。

(2) 对多能工的需求。丰田生产方式中可以存在多能工，但不是必需的。赛汝生产中的工人必须是多能工。

(3) 对交货时间的需求。丰田生产方式也是基于订单的生产方式，但其本质上是基于流水生产线生产方式，因此生产提前期比较长，例如，买轿车的顾客经常需要提前很长时间预定。赛汝生产可根据顾客订单重组赛汝生产系统以减少生产提前期，因此不需要太长的交货时间。

(4) 对产品种类变化的适应程度。丰田生产方式虽然能够应对多品种、小批量的市场需求，但当产品类型发生变动时，尤其在需要生产一个新产品时，需要调整已存在的生产系统，影响正常生产。在赛汝生产方式中，当新产品需要被开发时，只须构建或重组一个能够生产该产品的赛汝，对已有赛汝系统没有影响或者影响很小。

(5) 采用的生产领域。丰田生产方式的成功案例大多在汽车工业领域，因为汽车领域符合丰田生产方式对顾客需求的需要。赛汝生产的成功案例多是在电器、电子产品等电子工业领域，因为这些领域的顾客需求是多品种、小批量，且产品类型不稳定，交货时间短。

(6) 处理异常的方式。在丰田生产方式中，当出现异常时，采用自动化思想立即自动地停止工作，由工人恢复到原来的正常状态。在赛汝生产中，设备通常是简易的，当出现异常时，若是设备引起的，则更换设备，若是工人引起的，则培训工人。

(7) 所用设备。在丰田生产方式中，所需要的设备必须具有较多的功能以减少混装线的空间，这样所需要的设备复杂且昂贵。赛汝生产使用的是轻便、易移动的简易设备。

综上所述，赛汝生产方式与丰田生产方式的相同之处与不同之处如表 2-3 所示[16]。

表 2-3　赛汝生产方式与丰田生产方式的相同之处与不同之处

	比较项目	丰田生产方式	赛汝生产方式
相同	市场环境	多品种、小批量	多品种、小批量
	减少浪费	零库存、准时制生产、看板	零库存、准时制生产、看板
	工人技能	多工程系统中需要多能工	多能工
不同	组织方式	混合产品生产线	多个赛汝
	多能工	可以有多能工但非必需	必须是多能工
	交货时间	长或顾客可等待	短
	品种变化	为了适应品种变化的生产调整，对原有生产系统影响较大	为了适应品种变化的生产调整，对原有生产系统影响较小或没有影响
	生产领域	汽车工业	电子工业
	处理异常	自动化	相对简单
	所用设备	昂贵且多功能	简单、便宜、轻便且可移动

参 考 文 献

[1] Kaku I, Gong J, Tang J F, et al. Modeling and numerical analysis of line-cell conversion problems[J]. International Journal of Production Research, 2009, 47(8): 2055-2078.

[2] Yin Y, Stecke K E, Swink M, et al. Lessons from Seru production on manufacturing competitively in a high cost environment[J]. Journal of Operations Management, 2017, 49: 67-76.

[3] Yoshimoto T. Type of Seru production: A case study of air-conditioner[J]. Doshisha University World Wide Business Review, 2003, 4(2): 65-75.

[4] Yu Y, Sun W, Tang J F, et al. Line-hybrid Seru system conversion: Models, complexities, properties, solutions and insights[J]. Computers & Industrial Engineering, 2017, 103: 282-299.

[5] 岩室宏. 赛汝生产系统(日文)[M]. 东京: 日刊工业新闻社, 2002.

[6] Kaku I, Gong J, Tang J F, et al. A mathematical model for converting conveyor assembly line to cellular manufacturing[J]. International Journal of Industrial Engineering and Management Science, 2008, 7(2): 160-170.

[7] Yu Y, Tang J F, Sun W, et al. Reducing worker(s) by converting assembly line into a pure cell system[J]. International Journal of Production Economics, 2013, 145(2): 799-806.

[8] Yu Y, Tang J F, Gong J, et al. Mathematical analysis and solutions for multi-objective line-cell conversion problem[J]. European Journal of Operational Research, 2014, 236(2): 774-786.

[9] 秋野晶二. 日本企業の国際化生産システムの変容(下)——電気・電子産業の海外進出とセル生産方式(日文)[J]. 立教経済学研究, 1997, 51(1): 29-55.

[10] 都留康, 伊佐勝秀. セル生産方式と生産革新—日本製造業の新たなパラダイム, 生産システムの革新と進化(日文)[M]. 東京: 日刊評論社, 2001.

[11] Stecke K E, Yin Y, Kaku I. Seru: The organizational extension of JIT for a super-talent factory[J]. International Journal of Strategic Decision Sciences, 2012, 3(1): 105-118.

[12] Liu C, Stecke K E, Lian J, et al. An implementation framework for Seru production[J]. International Transactions in Operational Research, 2014, 21(1): 1-19.

[13] 信夫千佳子. ポスト・リーン生産システム探究—不確定性への企業適応(日文)[M]. 東京: 文眞堂, 2003.

[14] Kaku I, Murase Y, Yin Y. A study on human tasks related performances of converting conveyor assembly line to cellular manufacturing[J]. European Journal of Industrial Engineering, 2008, 2(1): 17-34.

[15] Sakazume Y. Is Japanese cell manufacturing a new system? A comparative study between Japanese cell manufacturing and cellular manufacturing[J]. Journal of Japan Industrial Management Association, 2005, 55(6): 341-349.

[16] 于洋, 唐加福. Seru 生产方式[M]. 北京: 科学出版社, 2018.

第3章　赛汝生产的特点及优缺点

3.1　赛汝生产的特点

作为一种新生产模式，赛汝生产有如下特点：需要多能工，完结性高，具有一定的自主性，持续改进能力高，生产并行化，灵活重组(柔性高)，以及赛汝中工人数少。

1)需要多能工

按照所掌握技能的多少，工人可分为单能型工人、多能型工人和全能型工人[1]。相比于流水生产线中工人是单能型的，赛汝生产中的工人必须是多能型或全能型的。多能工或全能工实现了赛汝生产中人力资源的灵活配置，是体现赛汝生产柔性的关键因素。

2)完结性高

赛汝生产扩大了每个工人的操作范围，工人从头至尾完成生产一个产品大部分或全部工序的操作，因此工人对生产产品的完结性非常高。完结性高意味着：①产品是工人自己做出来的，工人将更加关注产品的质量和加工时间，可以潜意识地提高工人改善技能水平的积极性；②工人不需要向其他工人交接产品，由技能水平不同所带来的不平衡消失了，降低了半成品数量和在制品库存；③工人能从全局掌握产品的生产，理解各道工序的意义及相互关系，促进了改进活动，而且来源于工作实际的改进方案的可行性和效果会更好。

3)具有一定的自主性

赛汝生产的自主性包括工人的自主性和赛汝的自主性。工人的自主性包括学习提高的自主性、选择其他工人组成一个赛汝的自主性和加入赛汝效率改进讨论组的自主性。在赛汝生产中，工人负责多道或全部工序，因此工人可根据其所负责的工序自主地进行能力提升。另外，在赛汝生产中，工人有一定的选择其他工人组成一个赛汝的自主权。拥有自主性的好处是工人认为赛汝就是自己的，会积极主动地提升自己的能力，并寻找提升赛汝效率的方法。

赛汝的自主性包括赛汝布局的自主性、设置作业速度的自主性和赛汝管理的自主性。在赛汝生产中，由于赛汝构造简单，赛汝内可自主进行布局，而且可以根据顾客需求变化和空间变化进行优化。在赛汝生产中，作业速度取决于所有工人，可以根据工人技能和赛汝中的工序来灵活决定。例如，在巡回式赛汝中，速度慢的工人会影响速度快的工人，因此在赛汝刚组建时往往速度慢的工人会承受很大的精神压力，这时赛汝可自主地略微放慢作业速度，让速度快的工人帮助速度慢的工人，向其传授经验。在赛汝生产中，管理权通常在赛汝组长手中或者所有赛汝工人共有。每个赛汝就是一个独立的单元，而且结构简单，赛汝有权自主调整赛汝结构和布局。赛汝的自主性意味着相对于流水生产线生产的集中式管理，赛汝具有分散式管理的特点，每个赛汝会积极主动地参与到改进赛汝生产效率的活动中。

4）持续改进能力高

赛汝生产的持续改进能力比其他生产方式更高。赛汝生产中的持续改进包含两方面的改进，即工人的持续改进和赛汝的持续改进。工人的持续改进包括由单能工向多能工改进、由多能工向全能工改进、工序操作时间由长向短改进、由被动型工人向主动型工人改进。赛汝的持续改进包括由分割式赛汝向巡回式赛汝改进、由巡回式赛汝向单人式赛汝改进、赛汝内工序安排的改进、赛汝布局的改进。另外，根据顾客需求，简单赛汝可向复合式赛汝改进或反之，纯赛汝系统可向混合赛汝系统改进或反之。随着企业赛汝生产的实施，执行赛汝生产的技术会更高，赛汝也会演化出更多种适应顾客需求的形态。随着工人持续改善和赛汝持续改善的进行，赛汝生产可以带来生产效率的大幅提高并减少各种浪费。

5）生产并行化

生产并行化是赛汝生产的一个重要特点。流水生产线生产方式是典型的串行生产方式。在流水生产线上，生产设备和工人按照传送带从头至尾地串行排列。串行化生产的缺点是：当串行生产中的设备/工人有一个异常时，就会导致整条串行生产线不能正常工作。赛汝生产包含多个赛汝，一个赛汝可生产一种或几种产品，因此赛汝生产是一种并行化生产。在并行化的赛汝生产中，一个设备/工人发生异常，只影响该设备/工人所在的赛汝，而对其他赛汝没有影响，因此生产仍然能够继续进行。而且赛汝数量越多，越能达到对多种产品的并行生产，此时甚至不存在产品切换的问题，可以很好地应对多品种、小批量的顾客需求。并行化生产可以为赛汝生产带来如下好处。

（1）并行化生产使赛汝可以很好地应对新产品的生产。在串行化生产中，当需要加工新产品时，整条串行生产线上的设备/工人都需要调整，也就是说，为了新产品而进行的调整对串行化生产的影响很大。当新产品的需求量不高时，基于串行化生产的调整得不偿失。在并行化的赛汝生产中，当需要加工新产品时，只需指派一个特定的赛汝负责，对这个赛汝中的设备/工人进行调整。

（2）并行化生产使赛汝可以很好地应对多类型产品的生产。赛汝生产中有多个赛汝，在生产多类型产品前，可以把产品类型按照相似性进行分组，然后安排特定的赛汝生产一种或几种相似的产品。当赛汝负责一种类型产品时，即使赛汝生产需要生产多种类型产品，在一个赛汝中也是生产同一种类型产品，不需要进行产品类型的切换。对于负责几种相似产品的赛汝，当需要该赛汝加工不同类型的产品时，由于产品类型的相似性，也可以减少生产不同类型产品的切换时间。

(3) 并行化生产使赛汝可以很好地应对需求量的变化。当顾客需求量增加时，对于串行化生产系统，为了应对需求量的增加，可以增加生产线，或者延长工作时间。当顾客需求量增加时，对于并行化的赛汝生产系统，为了应对需求量的增加，可以增加单人式赛汝的个数，或者在巡回式赛汝中增加工人数，或者延长工人工作时间。当顾客需求量减少时，对于并行化生产系统，为了应对需求量的减少，可以减少巡回式赛汝中的工人，或者停止某个或几个赛汝。

(4) 并行化生产使赛汝生产拥有良好的可靠性。在串行化生产中，当发生产品不合格、设备故障或者工人缺勤时，整个生产将大受影响甚至停工，这就意味着串行化生产的可靠性低。在并行化的赛汝生产中，当发生产品不合格、设备故障或者工人缺勤时，只影响一个赛汝，而其他赛汝不受影响可保持正常生产。

(5) 并行化生产使降低速度慢工人对速度快工人的影响成为可能。在串行化生产中，生产效率受速度最慢工人的制约。在并行化的赛汝生产中，如果按照工人的技能水平组建赛汝，即将相似技能水平的工人安排在同一个赛汝中，不但可以大大减少技能水平差工人对所有工人的影响，而且因为赛汝中工人的能力相似，由技能差异造成的不良影响会很小[2]。

(6) 并行化生产有利于在赛汝生产中产生竞争的气氛。在串行化生产中，由于每个工人负责不同的工序，很难形成工人之间竞争的氛围。在并行化的赛汝生产中，工人/赛汝负责的工序是相同的，操作相同工序如果效率不同，很容易形成工人/赛汝之间的竞争氛围。

6) 灵活重组(柔性高)

灵活重组是赛汝生产区别其他生产方式的一个重要特点[3, 4]。赛汝生产柔性高就体现在灵活重组，重组包括工人到赛汝的重新指派、赛汝的重新布局、产品到赛汝的重新指派。赛汝系统重组的原则是：如果能够在现有赛汝系统的基础上通过简单的调整即能适应顾客需求，就不需要对赛汝系统进行重组，否则根据顾客需求重组出最佳的赛汝系统。实施赛汝生产的企业即使在赛汝系统构造完成，并执行了一段时间的赛汝生产后，依然可以容易地根据顾客需求进行赛汝系统重组。

7) 赛汝中工人数少

在流水生产线生产方式中，一条流水生产线的工人数比较多。在赛汝生产中，一个赛汝中的工人数较少，一般为一个或几个工人，例如，在单人式赛汝中只有一个工人，而在巡回式赛汝中，通常也只有四五个工人。从日本实施赛汝生产的现场来看，赛汝中工人数最多不超过 15 人。工人数越少，生产平衡性越容易提高，单人式赛汝的平衡率为 100%。工人数越少，技能水平低的工人的负面影响越少。

3.2　赛汝生产的优点

赛汝生产的提出是为了应对多品种、小批量的市场需求，因此在面临多品种、小批量的市场需求时，其生产效率(如完工时间、用工总数、工作空间、成本、在制品库存和生产提前期等)经常比流水生产线的好。例如[1-17]，在采用了赛汝生产后，柯达公司减少了 53% 的完工时间；在采用了赛汝生产后，索尼公司节省了约 25% 的用工总量，具体为 35976 个工人，减少了 71 万平方米的工作空间；在采用了赛汝生产后，佳能公司减少了 72 万平方米的工作空间，2003 年节约了 550 亿日元的成本。

概括起来，在多品种、小批量和变种变量的市场需求下，赛汝生产具有如下优点：响应市场需求快速，能力差工人的影响降低，库存减少，设备投资少，生产提前期缩短，生产效率提高，次品率降低，工人生产积极性提升，工人数减少，碳排放量减少，技能更易传播和传承，改进方案更多等。

1) 响应市场需求快速

当市场需求发生变化时，赛汝生产可以通过改变系统中的工人数、赛汝数量，或者重组赛汝系统来快速匹配市场的需求。赛汝生产的速度和循环时间受工人个数的影响，由产量变化导致生产节拍的变化，赛汝生产正好可以通过改变工人数应对这种变化。通过增加/减少赛汝的数量可以应对品种类型和产量的增加/减少。如果市场需求变化比较大，就需要对现有赛汝系统进行重组，重组对现有赛汝系统影响很大，但是能更好地应对市场的变化。重组赛汝系统是在已有赛汝系统资源的基础上，重新确定赛汝数量、确定每个赛汝中的具体工人、确定赛汝的布局方式。

2) 能力差工人的影响降低

在流水生产线生产方式中，对于一个有 N 个工人的流水生产线，生产速度最慢(即能力最差)的工人将影响生产线上除他之外的 $N-1$ 个工人。同样是这 N 个工人，如果实施赛汝生产，那么会形成多个赛汝，在一个赛汝中的工人数较少。假设能力最差的工人所在的赛汝表示为赛汝 j，赛汝 j 中有 $n(n \leqslant N)$ 个工人，那么能力最差的工人只影响赛汝 j 中除他之外的 $n-1$ 个工人，其他 $N-n$ 个工人将不受能力最差工人的影响。赛汝生产能降低能力差工人的影响，本质上是因为赛汝所进行的工人分组，也就是赛汝生产能根据顾客需求和工人生产能力的关系进行分组。在实施赛汝生产时，将能力相似的工人安排在一个赛汝内，能获得较好的工人能力平衡。

3) 库存减少

库存主要分为成品库存、半成品库存和在制品库存，赛汝生产可使这三者都大幅减少。

(1)成品库存减少。赛汝生产包含多个赛汝，这几个赛汝可以同时进行生产，而且可以同时生产不同类型的产品，这就使得在生产一种产品时其他产品不需要利用库存进行存储。另外，由于赛汝生产可以及时满足顾客需求，因此没有必要预留成品库存。

(2)半成品库存减少。半成品库存的主要功能是满足生产的连贯性，半成品库存一般是由各工序间、各工人间处理能力不同而产生的。赛汝生产具有较高的生产完结性，即一名工人从头至尾地生产一件产品，尤其在巡回式赛汝和单人式赛汝中，此时就不会需要和产生半成品。

(3)在制品库存减少。在制品是指正在加工的产品，为了保持生产的连贯性，工序间作业速度的不同会产生半成品，速度快的工序由于生产速度快，会比速度慢的工序加工更多的产品，这些产品存储在制品的缓冲区。在赛汝生产中，工人从头至尾地生产一件产品，尤其在巡回式赛汝和单人式赛汝中不存在速度不一致的工序，这样就不需要存储在制品的缓冲区，在制品数量得以大幅削减。

4)设备投资少

相对于其他生产方式，赛汝生产对设备投资资金的需求比较小，甚至不需要大型、昂贵的设备。虽然在有的赛汝生产中也存在高成本的设备，如产品功能检查设备，但这些高成本设备通常是供几个赛汝共同使用的，平均到每个赛汝的设备成本就会很低。另外，可以通过功能分解等方式将高成本设备分解成具有关键功能的小型、低成本的设备安置在每个赛汝中。

5)生产提前期缩减

生产提前期主要受工人生产效率和停滞时间的影响，其中停滞时间包括两方面：瓶颈工人生产效率低导致其他工人停止生产的停滞时间和生产不同类型产品需要进行生产线切换所产生的停滞时间。因此，赛汝生产能有效缩减生产提前期主要有如下原因：

(1)随着赛汝生产的实施，赛汝生产中工人的生产效率会逐步提升，由此带来赛汝生产效率的提升，从而缩短了生产提前期。

(2)即使赛汝生产中工人生产效率没有提高，赛汝生产也能通过工人在赛汝中的重组提高工人平衡率。当所有赛汝都是单人式赛汝时，工人平衡率是100%；当赛汝是巡回式赛汝、分割式赛汝时，由于工人数较少，工人平衡率通常都在90%以上；而对于流水生产线，工人平衡率很少能达到90%。工人平衡率高意味着工人停工生产的等待时间短，因此赛汝生产缩短了生产提前期。

(3)在并行化赛汝生产中，有多个赛汝生产不同类型的产品，只需把产品分配给相应的赛汝，该赛汝可能不需要进行换线操作，有效地缩短了生产提前期。

6)生产效率提高

实施赛汝生产后，企业通常可以提高 30%～50%的生产效率。赛汝生产之所以可以大幅提高生产率，是因为停滞时间减少、应对顾客需求变动能力提高、工人生产积极性提高、不良品率降低、空间利用率提高、改进措施的实施等因素的作用。停滞时间减少能有效缩减生产提前期，从而缩减最大完工时间(产品流通时间)，有效提高生产效率。应对顾客需求变动能力提高，减少了设备投资，减少了工人的等待时间。不良品率降低减少了原材料浪费，并减少了无效工作时间。空间利用率提高，节省了生产场地，减少了固定资产投资。改进措施的实施更是能够直接提高赛汝生产的生产效率，相比于其他生产方式，赛汝生产的工人能够开发出更多的改进方案。然而，并不是所有实施赛汝生产阶段都会带来生产效率的提升，例如，在刚开始实施赛汝生产阶段，赛汝生产就很可能带来生产效率的下降，这点需要特别注意。

7) 次品率降低

在赛汝生产中，当发现产品不良情况时，处理起来很方便。如果只是在一个赛汝中产生了不良品，那么只需停止该赛汝，并采取相应的对策，不必停止所有赛汝的生产。对于生产同样产品的不同赛汝，如果有一个赛汝产生了不良品，那么通过与生产合格产品的赛汝比较，很容易分析出该赛汝产生不良品的原因，而且通过比较和相互竞争，促进了赛汝对质量问题的重视。赛汝生产能大量减少的是由工人不专注或误操作引起的不良品，但减少由设备和原材料引起的品质不良的效果有限。

8) 工人生产积极性提升

在赛汝生产中，每个工人完成一个产品的绝大部分或全部工序，工人会认为这个产品是自己生产的产品，会对该产品更加负责，这提升了工人生产的积极性。在赛汝生产中，每个赛汝的生产效率直接取决于所有工人的生产技能，例如，在巡回式赛汝和单人式赛汝中，任何一个工人生产能力的提升都会提高赛汝的生产效率，因此工人主动提升自己生产能力的积极性很高。在赛汝生产中，会有多个赛汝去生产同一种产品的情形，效率差的赛汝马上会体现出来，那么该赛汝内工人的压力也会马上体现出来，这就从被动的角度提升了赛汝内所有工人的积极性。另外，不同赛汝之间存在竞争关系，工人会产生这是我的赛汝的意识，这样在同一个赛汝中的工人会积极地交流以提升该赛汝的生产质量和生产效率。

9) 工人数减少

减少工人数对劳动力成本高的企业有重要的经济意义。Kaku 等[7]调研了 24 个应用赛汝生产的实例，其中 1/3 以上的实例显示赛汝生产能减少 20%以上的工人数量。Yin 等[6]报道，佳能公司采用赛汝生产后，减少了 25%的生产工人，即 35976 个工人。

赛汝生产减少工人数表现在以下两种情况：①当产品需求和产量需求变少时，赛汝生产可以通过减少工人数来应对产量的变少；②采用赛汝生产，可以在生产效率不差于流水生产线的情况下减少工人数。文献[12]对如何通过赛汝生产减少工人数和降低最大完工时间进行了详细研究，构建了工人数最少和最大完工时间最小的双目标模型，开发了求解 Pareto 解的精确算法。在此基础上，文献[13]则在最大完工时间不差于以前生产系统的约束下，研究了如何通过赛汝生产减少工人总数，构建了工人数最少的单目标模型，面向不同规模的问题，开发了精确算法和启发式算法。通过大量的实例测试，文献[13]得出如下结论：在最大完工时间不差于以前生产系统的约束下，赛汝生产能减少 20%~25%的工人总数；当减少一个工人时，被减少的工人通常是能力比较低的个人，当减少多个工人时，被减少的工人通常是能力比较低的工人组合。

最大完工时间改进率与工人数减少的关系如图 3-1 所示[13]。当减少的工人越多时，通过赛汝生产改进的最大完工时间可能性越小。另外，工人总数越多，通过赛汝生产减少的工人数越多，而减少工人数的百分比在 20%左右。

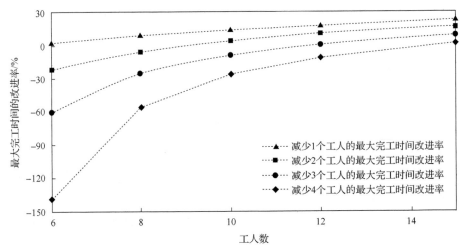

图 3-1　最大完工时间改进率与工人数减少的关系[13]

10) 碳排放量减少

赛汝生产方式通常不使用传送带、大型设备，而且相比于流水生产线，赛汝生产的使用空间大幅减少，由此带来空调用量减少，这样就减少了能源消耗，减少了碳排放量。而且，赛汝生产减少了成品库存、半成品库存和在制品库存，这样就减少了原材料浪费，也减少了碳排放量。佳能公司在 1999~2003 年拆分了其下属 54 个工厂的总长约为 20000 米的流水生产线，这一举措为佳能公司节省了 72 万平方米的厂房空间，能源需求(电、水等)及碳排放量也减少了 50%。文献[18]研究了如何利用赛汝生产实施可持续化生产的方法。文献[19]分析了影响赛汝生产方式低碳制造属性的因素，更细致地阐述了不同市场条件下赛汝生产的低碳制造属性的表现。

11）技能更易传播和传承

高技能操作方法是在生产某种产品时能有效保障产品质量、生产效率的一种高效的作业方法，由高技能工人掌握并形成规范，是企业在作业技术上多年的积累和沉淀。在赛汝生产中，工人是多能工或全能工，因此优良的技能能够在不同的工人之间进行传播和传承。另外，不仅技能在赛汝生产中更容易传播和传承，工人的匠人精神也更容易提升和传承。赛汝中的多能工接近于由熟练工人一台台手工生产一件产品的情形，单人生产方式能很好地激发匠人精神。

12）改进方案[20]更多

赛汝生产中工人能操作多道工序，每个工人都是专家，每个工人都有改进生产效率的能力。赛汝生产中的工人是多能工或全能工，使得工人更易理解工作整体意义，工人与整个生产流程结合更紧密，工人更有机会从生产实践中获得更多改进生产效率的灵感和方法。随着赛汝生产的进行和工人技能的提高，很多工人都会成长为具有多项能力的专家型人才，此时相比于其他生产方式，工人更有可能开发出更好地改进生产效率的方案，提高生产效率的可能性就更高。

随着赛汝生产的实施，赛汝生产所带来的优点会越来越多。

3.3　赛汝生产的缺点

上述介绍的都是赛汝生产具有的优点，但并不是说赛汝生产没有缺点。为了能更好地实施赛汝生产，有必要阐述赛汝生产的缺点。赛汝生产的缺点概括起来如下[21]：需要多能工，存在更多差异，工人的责任和压力增大，保持赛汝循环时间困难，高价设备下很难增加赛汝，沟通需要更多的时间，初始阶段问题较多，需要更高的工人忠诚度。

1）需要多能工

在赛汝生产中，需要的是能操作多道工序的多能工或全能工，但多能工或全能工培训需要花费大量时间。如果多能工培训进展得不充分，盲目实施赛汝生产通常会使次品率增加，生产效率下降，这是赛汝生产的弱点。为了减少多能工培训的时间，企业可以根据自己的实际情况决策，在多能工培训系统中进行系统的培训后，基本达到能在赛汝中直接进行生产。

2）存在更多差异

在流水线生产方式中，由于工人重复地做简单的作业内容，熟练后每次作业的时间和质量基本没有差异，因此在流水生产线中生产出的产品基本可以说没有差异。在赛汝生产中生产出的产品可能存在较大的差异。即使是同一个工人在赛汝中生产的产品，由于生产一个产品需要多道工序，因此质量问题的环节增多，也可能存在差异。另外，不同工人生产的产品更有可能存在技能和质量上的差异。流水生产线中工人的差异性被技能水平最差的工人或者传送带速度隐藏了，但在赛汝生产中，每个工人都独立自主生产，工人间的差异被显现出来，由此带来更多的差异。如何减少这些差异对赛汝生产造成的影响是非常关键的。

3) 工人的责任和压力增大

在流水生产线生产方式中，每个工人只负责一道工序，责任和压力都很小。在赛汝生产中，每个工人需要负责多道工序，负责一个产品的绝大部分或全部的生产任务，要为所生产产品的质量负责，因此工人的责任和压力增大。在流水生产线生产方式中，当出现不良品时，通常是整条流水生产线首先承担责任，然后再寻找原因。在赛汝生产中，当出现不良品时，通常是把责任直接归于相应的工人，此时会给工人造成较大的精神压力。工人的压力增大还表现在：①在巡回式赛汝中，能方便地比较出工人技能的差距，因为生产同一种产品时工人技能的差距能马上显现出来，生产速度慢的工人压力增大；②对于生产同一种产品的多个赛汝，很容易比较出赛汝生产效率的不同，速度慢的赛汝中的工人压力增大。

4) 保持赛汝循环时间困难

循环时间不改变对实施稳定的生产很重要。在流水生产线生产方式中，循环时间只受速度最慢工人或者传送带速度影响，因此只要速度最慢工人的技能不提高或者传送带速度不改变，流水生产线的循环时间就不变。在赛汝生产中，循环时间受所有工人的技能水平影响。例如，对于巡回式赛汝，该赛汝的循环时间基本上可以表示为

$$巡回式赛汝的循环时间 = \frac{所有工人加工时间的总和}{赛汝中工人总数} \tag{3-1}$$

因此，只要有一个工人的技能水平提高，该巡回式赛汝的循环时间就降低了。对于单人式赛汝，其循环时间只受该单人式赛汝中工人生产效率的影响，因此只要该工人技能水平提高，该单人式赛汝的循环时间就降低。

5) 高价设备下很难增加赛汝

与流水生产线生产方式通常只有几条生产线不同，赛汝生产中通常具有很多赛汝，也就是说，设备需要进行大量的复制才能满足赛汝的生产，如果赛汝中需要高价的设备，那么就很难增加赛汝，因为这样需要大量的设备投资[17]。为了减少实施赛汝生产时设备的投资，需要进行高价设备的简易化、便宜化。

6) 说服沟通需要更多时间

在实施赛汝生产时，需要花费更多时间进行说服和沟通，尤其当准备实施赛汝生产的企业规模很大时，在说服和沟通方面花费的时间会更多[17]。在赛汝生产出现之前，流水生产线生产方式取得了巨大成功，因此无论管理者还是劳动者，

认为流水生产线效率高的思想会根深蒂固，很多人不理解为什么采用单人加工的赛汝生产会比流水生产线生产更有效率、会降低库存。为了能很好地实施赛汝生产，就需要说服这些人员，包括管理者和工人。赛汝生产中需要更多的时间进行沟通，在流水生产线中，每个工人各司其职，很少需要沟通，而在赛汝生产中，同一个赛汝中的工人需要加工相同的工序，工人之间为了提高自己的生产效率或者赛汝的生产效率就需要经常沟通。赛汝中的沟通至少包括赛汝内工人的沟通和赛汝间工人的沟通。

7) 赛汝生产初始阶段问题较多

流水生产线中的工人只负责简单的操作，很容易掌握作业内容，即使在流水生产线的初始阶段，由工人造成的问题也不会太多，而且很容易解决。在赛汝生产的初始阶段，工人需要负责多道工序和较多的作业内容，而且工人也是刚开始在实际生产中操作这些作业，往往会产生很多问题。如果工人顺利度过了容易产生问题的赛汝生产初始阶段，就意味着工人已经熟悉了赛汝生产，之后随着赛汝生产的继续实施，赛汝生产的优点会越来越多地表现出来。

8) 需要更高的工人忠诚度

在流水生产线生产方式中，只有几个关键岗位的工人会被其他企业关注，如流水生产线的线长(尤其是管理水平高的线长)、关键设备的作业工人(尤其是技能高的作业工人)。在赛汝生产中，由于工人是多能工或全能工，是具有专家水平的高技术人员，因此工人更容易被其他公司所关注。赛汝生产中的工人大都会被其他企业、猎头公司关注，经常会用提供更高工资的方式予以邀请。

参 考 文 献

[1] Williams M. Back to the past: Some plants, especially in Japan, are switching to craft work from assembly lines[J]. The Wall Street Journal, 1994: A-1.

[2] Wemmerlov U, Hyer N. Reorganizing the Factory: Competing Through Cellular Manufacturing[M]. Portland: Productivity Press, 2002.

[3] Takeuchi N. Seru Production System[M]. Tokyo: JMA Management Center, 2006.

[4] Yin Y, Kaku I, Stecke K E. The evolution of Seru production systems throughout Canon[J]. Operations Management Education Review, 2008, 2: 35-39.

[5] Yin Y, Li M, Kaku I, et al. Design a just-in-time organization system using a stochastic gradient algorithm[J]. ICIC Express Letters-An International Journal of Research and Surveys, 2011, 5(5): 1739-1745.

[6] Yin Y, Stecke K E, Swink M, et al. Lessons from Seru production on manufacturing competitively in a high cost environment[J]. Journal of Operations Management, 2017, 49: 67-76.

[7] Kaku I, Gong J, Tang J F, et al. Modeling and numerical analysis of line-cell conversion problems[J]. International Journal of Production Research, 2009, 47(8): 2055-2078.

[8] Kaku I, Gong J, Tang J F, et al. A mathematical model for converting conveyor assembly line to cellular manufacturing[J]. International Journal of Industrial Engineering and Management Science, 2008, 7(2): 160-170.

[9] Yu Y, Sun W, Tang J F, et al. Line-hybrid Seru system conversion: Models, complexities, properties, solutions and insights[J]. Computers & Industrial Engineering, 2017, 103: 282-299.

[10] Yu Y, Tang J F, Sun W, et al. Combining local search into non-dominated sorting for multi-objective line-cell conversion problem[J]. International Journal of Computer Integrated Manufacturing, 2013, 26(4): 316-326.

[11] Yu Y, Tang J F, Gong J, et al. Mathematical analysis and solutions for multi-objective line-cell conversion problem[J]. European Journal of Operational Research, 2014, 236(2): 774-786.

[12] Yu Y, Tang J F, Sun W, et al. Reducing worker(s) by converting assembly line into a pure cell system[J]. International Journal of Production Economics, 2013, 145(2): 799-806.

[13] 于洋, 唐加福, 宫俊. 通过生产线向单元转化而减人的多目标优化模型[J]. 东北大学学报(自然科学版), 2013, 34(1): 17-20.

[14] Stecke K E, Yin Y, Kaku I. Seru: The organizational extension of JIT for a super-talent factory[J]. International Journal of Strategic Decision Sciences, 2012, 3(1): 105-118.

[15] Liu C, Stecke K E, Lian J, et al. An implementation framework for Seru production[J]. International Transactions in Operational Research, 2014, 21(1): 1-19.

[16] 岩室宏. 赛汝生产系统(日文)[M]. 东京: 日刊工业新闻社, 2002.

[17] Liu C, Dang F, Li W J, et al. Production planning of multi-stage multi-option Seru production systems with sustainable measures[J]. Journal of Cleaner Production, 2015, 105: 285-299.

[18] 郑萍. 赛汝生产方式低碳制造属性研究[D]. 西安: 西安理工大学, 2013.

[19] 金辰吉. 赛汝生产的精髓(日文)[M]. 东京: 日刊工业新闻社, 2013.

[20] 岩室宏. 关于赛汝生产的科普读本(日文)[M]. 东京: 日刊工业新闻社, 2004.

[21] 于洋, 唐加福. Seru 生产方式[M]. 北京: 科学出版社, 2018.

第4章 赛汝生产的实施、维护与案例

实施赛汝生产不是一蹴而就的，而是需要一个循序渐进的过程。文献[1]提出一个实现赛汝生产的流程架构，描述了一个准备进行赛汝生产的企业应该如何准备、组织与管理。文献[2]从管理模式的角度，阐述了赛汝生产是准时制生产在组织上的扩展，而丰田生产方式被认为是原材料上的准时制生产。

如果想短时间内高效地实施赛汝生产，下述的实施步骤应该予以仔细考虑：转变意识，确定赛汝生产的产品，分析现有生产系统的问题，培训多能工，确定赛汝构造，分析赛汝内/间的平衡性，确定运输方式，试运行赛汝生产，评价赛汝生产的性能，实施赛汝生产。

4.1 赛汝生产的实施

1)转变意识

首先管理者和工人必须清洗一下以往被流水生产线生产方式占满的大脑，必须质疑一直认为流水生产线生产方式是最有效的理念。转变意识包括转变流水线生产是最有效的生产方式和转变个人完结性高的生产方式效率不高。向工人详细分析流水生产线分工方式带来的缺点和流水生产线生产方式本身存在的缺点，尤其是流水生产线柔性不足导致难以随着顾客需求的变动而快速响应等缺点。转变个人完结性高的生产方式效率不高的意识，让工人接受赛汝生产方式效率高，这相对来说比接受流水生产线生产方式效率不高容易。需要向工人讲述赛汝生产的特点和优点，还要让工人理解赛汝生产具有优势的原因。长久以来，工人一致认为我只负责我的工作，其他的工作与我无关。在实施赛汝生产中，工人也需要转变这种意识，即形成"我有能力负责更多的作业，我的能力和潜力会充分发挥出来，会为企业带来越来越多的贡献"。

2)确定赛汝生产的产品

在实施赛汝生产之前需要确定生产的产品。如果企业刚开始实施赛汝生产，那么选择的产品应该具有多品种、小批量的特点，也可以选择附加值较高的产品；如果企业已经实施赛汝生产很长一段时间，已经比较熟悉赛汝生产的特点，那么选择的产品可以是生产批量大一点的产品。

在刚开始实施赛汝生产选择多品种、小批量的产品时，可采用产品种类和产品产量关系图来分析[3, 4]，如图4-1所示。根据产品产量的累计百分比，可将产品种类分为 A、B、C、D 四个类型，类型 A 中产品的总产量占所有产量的 70% 左右（在图 4-1 中表现为种类 1 至种类 5 的产品），类型 B 中产品的总产量占所有产量的 20% 左右（在图 4-1 中表现为种类 6 至种类 8 的产品），类型 C 中产品的总产量占所有产量的 7% 左右（在图 4-1 中表现为种类 9 至种类 10 的产品），剩余的产品被分在类型 D 中（在图 4-1 中表现为种类 11 的产品）。

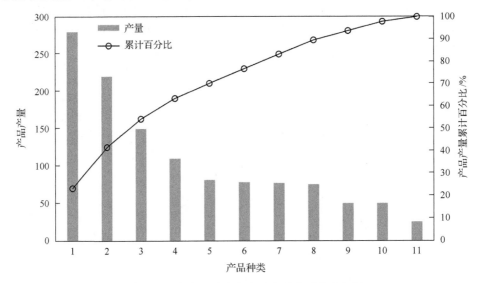

图 4-1　一个产品种类和产品产量关系的实例图

在刚开始实施赛汝生产时，最好选择类型 C 的产品，因为类型 C 的产品产量适度，即使实施赛汝生产时发生了问题，也不会造成太大的损失。随着赛汝生产的实施及熟悉，可选择类型 B 的产品，既可以扩大赛汝生产的产品种类，也可以扩大产量。在类型 D 中的每种产品都有很少的产量需求，因此在刚开始实施赛汝生产时最好不要选择，最好是在企业多能工很充足的情况下，或者是多能工培训取得了很好的效果之后再进行生产。类型 A 中的产品是需要量产的产品，最好在企业实施赛汝生产很长时间并且已经很好地熟悉了赛汝生产之后再在赛汝中进行生产。

3）分析现有生产系统的问题

实施一个新的生产系统后，以前生产系统的问题并不能全部消失。因此，在实施赛汝生产时，必须分析现有生产系统的问题，并探求改正的方法。如果没有改正，就算实施了赛汝生产系统，之前生产系统中存在的问题也会发生，从而给赛汝生产的生产效率和产品质量带来不良影响。另外，分析现有生产系统的问题，在此基础上寻求解决对策，即使不立即实施赛汝生产，也会使现有生产系统的生产效率大幅提高。

分析现有生产系统产生浪费的环节和原因[3]。浪费包括动作浪费、移动浪费和空闲浪费。动作浪费是指工人操作时不产生价值的无效动作。产生动作浪费有两个原因：一是企业工业工程知识应用不好，不能有效分析出动作浪费；二是工人态度不端正、积极性不高，没有按照作业标准上的动作规范进行操作。移动浪费在原材料、半成品或成品等物品的移动时产生，因为移动不产生价值且需要成本，所以移动都是浪费。减少移动浪费的方法就是对移动路线进行优化，并且尽量使相关任务之间的距离较小。空闲浪费产生于作业安排不当及工序间生产速度不一致时，但当工人对空闲习以为常时就会形成令管理者忧虑的惯性空闲。空闲本来是可以在改善生产平衡后越来越小或者消失，但是当惯性空闲发生时，就会变成因工人自己的下意识引发空闲，这是一种非常消极的状态。

工人间相互帮助的现状分析。工人间相互帮助能起到自动调节生产线不平衡的作用，而且也可以起到技能在工人间传播的作用。互助情况很少发生，主要是因为工人间缺乏沟通，各自为政或工人生产效率较低，尤其是在作业分工过细时，工人操作缺乏整体感。

问题改善的现状分析。分析已有生产系统的问题被发现和提出之后改善问题的能力，如果问题被发现和提出之后迟迟得不到解决，那么生产效率不可能提升。对于这方面的问题，必须从管理制度和管理层进行解决，以避免在实施赛汝生产时仍然出现。

实际上，应该从三个方面分析现有生产系统的现状：①生产系统自身造成的问题；②工人造成的问题；③制度和管理层造成的问题。其中，生产系统自身造成的问题有可能通过实施赛汝生产而解决，但是工人造成的问题及制度和管理层造成的问题，就需要在赛汝生产实施之前予以解决。

4）培训多能工

赛汝生产中工人的多能化是必不可少的[3-7]，因此在实施赛汝生产之前必须培训多能工。赛汝生产中的培训多能工可描述为以下步骤：①培训管理者确定培训的具体内容、被培训人员和培训教师；②培训教师分析每个被培训人员已掌握的技能，确定每个被培训人员需要通过培训掌握的具体技能；③使用培训教材和培训工具对被培训人员进行培训。因此，赛汝生产的多能工培训涉及培训管理者、培训教师、被培训人员和培训教材与工具。

(1)培训管理者。培训计划需要从培训管理者开始，制定关于赛汝生产所需的多能工需求、多能工培训计划、选择培训教师和被培训人员、制定培养方案和相关的保障措施。多能工培训时，高层管理者确立多能工需求，中层管理者选择被培训人员和培训教师，并实施具体的培训计划，丰富培训方法和工具也是培训管理者需要考虑的。多能工需求通常根据顾客需求或者生产需求来确定。如果根据顾客需求来确定，那么多能工需求可只通过顾客需求产品的所需工序和工人数量来确定；如果根据生产需求来确定，多能工需求就需要通过整个生产所需工序和工人数量来确定。被培训人员的选择会影响培训效果。如果时间紧，就要尽量选择已掌握培训内容最多的工人进行培训；如果时间不紧，可选择已掌握培训内容少的工人进行培训；如果为了使选择的被培训人员积极性高，那么可选择新入职的工人进行培训。培训教师的选择需要考虑两点：技能水平和传授技能水平。只有掌握了培训内容的技能水平高的工人才能担当培训教师。培训教师还必须具有良好的传授能力，有些工人虽然具有高技能，但传授知识和经验的能力差，很难培养出高技能的培训人员。

(2) 被培训人员。针对被培训人员，需要明确掌握哪些作业技能，并制定明确的计划表。培训管理者/培训教师需要完善培训教材、培训工具，以让被培训人员详细掌握具体的培训技能。通常被培训人员已经掌握一项或几项作业方法，因此每个被培训人员应该以已掌握的作业内容为基础向相邻作业进行扩展学习。确定完需要掌握的作业技能之后，每个被培训人员应该根据整体培训计划制定个人培训计划。培训计划要明确掌握每个作业技能的具体时间，在确定的时间点上，培训教师确定其是否掌握了作业技能。被培训人员的积极性影响着多能工培训的进程和效果，反过来，多能工培训进行得好坏也影响着被培训人员的积极性，因此培训管理者/培训教师在多能工培训时一定要重视工人的积极性。

(3) 培训教师。培训教师在进行赛汝生产的多能工培训时，既要进行以技术为中心的关于作业操作方法和流程的教育(称为 Know how 型教育[3-4])，又要进行以讲授这样操作的原因和意义的教育(称为 Know why 型教育[3-4])。Know how 型教育是指以讲授作业操作方法和流程为中心，讲授客观作业知识和技能的训练，所有培训都会采用这种方法。Know why 型教育是指在讲授作业操作方法和流程的同时，更深层次地讲授进行这样操作的原因及意义。Know why 型教育虽然相对来说要烦琐复杂，但是一旦被培训人员理解了这么做的目的和意义，即使在实际赛汝生产中发生了教材中没有描述的状况或者其他异常、突发事件，工人也能进行适当的处理。培训教师需要经常与被培训人员进行沟通，了解被培训人员的疑虑和具体想法，根据每个被培训人员的问题进行针对性的反馈和解决，这样能有效提高每个工人在多能工培训时的效果。

(4) 培训教材与工具。为了更好地开展多能工培训，需要制作良好的培训教材和培训工具。培训教材包括作业标准和作业顺序指南，而且培训教材应该能很好地描述出技能具体的操作方法、作业顺序等显性知识。这样的培训教材是静态的，如果有录制的作业具体方法的培训视频教程更好，工人可以结合书本知识观看动态的视频，以更深入地理解和掌握所需要掌握的培训技能。在赛汝生产的多能工培训中，工人通过实践掌握的技能非常重要，只有实践才能够加深对作业的印象、增强对技能的理解，并验证工人是否真正掌握了具体的培训内容。因此，赛汝生产的多能工培训以知识型培训为基础，实践型培训为检验。实践型培训就需要在模拟/实际岗位上对所掌握的工序进行实际操作，这样的实践型培训需要培训工具的支持，应该构建与实际生产相似或相同的单个工序、多个工序组，甚至是培训赛汝，让工人感受到与实际生产一样的环境和氛围。

（5）多能工培训的阶段。从时间上可将多能工培训划分为以下阶段：初始阶段、中期阶段和熟练阶段，每个阶段有其各自的注意事项。在初始阶段，应该以知识型培训为主，即培训教师要根据被培训人员具体掌握的技能和需要掌握的技能，制订每个被培训人员的具体培训计划。被培训人员此时以掌握培训内容的理论知识为首要目标。在中期阶段，被培训人员已经基本掌握了培训作业的内容，这时培训教师应该以使被培训人员了解作业过程的整体意义为首要目标，进一步加深被培训人员对每一道工序的理解并提升其操作能力。在熟练阶段，被培训人员已经能很好地掌握所培训的多道工序，此时培训管理者一方面应该提供与实际生产相似或相同的作业平台或培训赛汝，让被培训人员进行实践检验，另一方面应该组织被培训人员和培训教师之间相互讨论，加深对培训内容和基于培训内容对赛汝生产的理解。

5）确定赛汝构造

确定赛汝构造是指构建赛汝并指派工人到相应赛汝中去的过程[8-13]。确定赛汝构造需要将生产产品的品种数、产量、工人多能化的程度及其他情况考虑进来，确定实际要构造的赛汝生产的类型、生产方式、布局及人数。考虑的内容还包括：每个赛汝的类型、目的、工序、布局及赛汝内的人数，赛汝内和赛汝间的平衡程度。因此需要明确：①赛汝类型是分割式赛汝、巡回式赛汝还是单人式赛汝，或者是复合型赛汝、混合流水生产线型赛汝；②赛汝的生产方式是混流生产还是单品种生产；③赛汝系统和每个赛汝的目的；④每个赛汝中的工序和布局；⑤工人到每个赛汝的指派。

（1）确定赛汝类型。要充分分析生产目标产品的特征、日产量、加工工序、生产节拍等，还要分析工人多能化的现状，研究出最合适的赛汝类型。

（2）确定赛汝生产方式。根据已构建的赛汝，分析每个赛汝能加工的产品类型。如果产品种类比赛汝数量多，则必然存在需要生产多种产品类型的赛汝。如果赛汝数量等于产品种类，则每个赛汝可进行单品种生产。在确定赛汝的生产方式时应该根据产品种类的特征、多能工现状进行综合分析，寻求满足多能工现状的最优赛汝与产品种类的搭配组合。

（3）确定赛汝系统和赛汝的目的。构建赛汝时，必须具体分析赛汝系统及每个赛汝的目的和机能。如果赛汝系统的目标是应对多品种生产，那么就应该构建多个完结性高的赛汝，当产品类型增多时，就需要能够快速地增加与产品相适应的赛汝个数。如果一个赛汝的目标是应对多品种生产，那么要求品种切换快速和赛汝中工序改组敏捷。如果赛汝系统的目标是应对量产，那么就应该针对每个量产的产品构建一个或几个专门生产该产品的赛汝。如果一个赛汝的目标是应对量产，那么赛汝中的工人个数不应该太少，循环时间不应该太长。如果赛汝系统的目标是生产少量高级产品，那么就应该针对每个产品构建一个专门生产该产品的赛汝。如果一个赛汝的目标是生产少量高级产品，那么赛汝中的工人个数不应该太多，而且工人的技能水平需要很高。如果一个赛汝的目标是提高品质，那么就应该在该赛汝中安排一些技能水平高的工人，寻找生产产品质量高的操作方法。而且，在该赛汝中设置追踪产品质量问题的工具和方法，寻找造成质量问题的具体操作方法和原因。如果赛汝系统的目标是试验，那么就应该构建几个生产同种产品的赛汝，通过比较不同赛汝生产出的产品质量，得出生产该产品的最优操作方法、操作流程和注意事项。

(4)确定赛汝的工序和布局。在构建赛汝时，需要确定赛汝系统和赛汝包含的具体工序。如果构建的赛汝系统需要生产所有目标产品，那么构建的赛汝系统必须包含能生产所有产品的所有工序。如果以前的生产系统是流水生产线，在确定每个赛汝中包含的工序时，并不是简单地将之前的流水生产线按照工序流程拆分后直接构建成几个串行的赛汝，应该按照产品对工序的需求，构建包含至少一个产品工序的赛汝，在此基础上再往赛汝里添加工序以能生产更多的产品，这样才能获得赛汝生产的优点。赛汝布局需要考虑产品的大小、重量、数量、赛汝的形状、工人在赛汝中移动的距离、赛汝内部工具的放置方法与场所及设备摆放等因素。如果产品大或重，那么为了便于移动，可以将产品放在小齿轮台车上，此时赛汝中的布局相对简单。如果产品小且多，那么此时赛汝中的布局就需要包括进行加工和组装的工作台，赛汝中工人个数可根据产品类型和产量需求进行设置。赛汝的形状应该根据具体的需求来设定。如果为了工人移动距离少且工人间交叉移动影响小，可采用 U 字形布局；如果工人间交叉移动影响很大，如体积大、重量大的产品需要采用台车，就应该采用直线形布局；如果只有一个工人作业，就应该采用单人货摊形布局；如果多个赛汝需要在一起紧密地配合工作，可采用花瓣形布局。

(5)工人到赛汝的指派。工人到赛汝的不同指派将导致赛汝生产的生产效率不同。如果工人不是全能工，工人加工的工序有限，此时的赛汝生产是基于分割式赛汝的，那么工人到赛汝的指派相对简单，只需要将工人指派给其能加工的工序，选择的复杂度相对较低。如果工人是全能工，工人能加工所有工序，此时的赛汝生产可以是基于分割式赛汝、巡回式赛汝或者单人式赛汝，那么工人指派到赛汝的选择复杂度很高，此时工人到赛汝的指派非常复杂，是一个集合划分问题。针对全能工到赛汝的指派问题，文献[9]～[14]进行了详细的理论分析，工人到赛汝的指派是一个 NP 难问题，指派方案的复杂度公式理论性较强，有兴趣的读者请参见上述文献。文献[12]利用全因子实验发现将相似能力的工人安排在一个赛汝中进行生产时，能获得一个很好的生产效益，因为此时工人能力相似，大大降低了技能水平最低工人造成的不良影响。对于非全能工到赛汝的指派问题，即构建分割式赛汝的过程，目前还未见相关的研究报道。

（6）其他。赛汝构造对赛汝生产的效率影响很大，因此在进行赛汝构造时必须使用各种有效的分析工具和手段对赛汝构造所涉及的方面进行分析，如多产品工程分析、作业流程分析、流程图和工业工程经常使用的工具分析[15]。其中，多产品工程分析需要分析哪些产品具有相似的作业流程，将几种相似的产品在一个或几个赛汝中进行加工，可以减少产品切换的时间。在赛汝生产的多产品工程分析中，可以使用成组技术和思想将作业流程相似的产品进行分类，来确定赛汝的个数及每个赛汝生产的产品类型。虽然赛汝生产以轻便的设备为前提，进行产品切换或者根据产品类型进行赛汝内工序的重构不需要消耗太多的时间，但是集中相似作业流程的产品在一个或几个赛汝中进行生产还是很有必要的。流程图是生产分析中经常使用的方法，能明确产品的加工顺序、半成品和成品流转的情况、工序间的关联、赛汝间的关系。在此基础上，通过工业工程等知识，发现无用的作业、活动、移动，以及不合理的联系，并加以改进，能有效提高生产效率。

6）分析赛汝内/间的平衡性

对于一个赛汝，分析的是工人之间的平衡性，目的是提高赛汝内工人的平衡率，减少技能水平差工人所带来的不良影响。对于多个赛汝，分析的是赛汝之间的平衡性，目的是实现赛汝之间的同步化，消除由赛汝间不平衡导致的等待浪费[15]。

（1）赛汝内的平衡性。根据赛汝类型的不同，赛汝内平衡性的度量方式也不同。对于巡回式赛汝或单人式赛汝，赛汝内工人平衡率表示为式（4-1）。在单人式赛汝中，工人平衡率为 100%，此时工人的技能水平能够完全发挥出来。在巡回式赛汝中，当工人平衡率较低时需要进行工人调整，调整的方法包括：重新调整工人到赛汝的指派，将技能水平相似的工人安排在一个巡回式赛汝中；对技能水平差的工人进行再次培训以提高其技能水平；将该巡回式赛汝拆分成多个巡回式赛汝、单人式赛汝。

$$\text{工人平衡率} = \frac{\text{赛汝中所有工人加工时间的总和}}{\text{赛汝中瓶颈工人加工时间} \times \text{赛汝中工人总数}} \quad (4\text{-}1)$$

对于分割式赛汝，赛汝内包含多个分割块，每个分割块中工人平衡率表示为式（4-2）。如果分割块中工人平衡率较低，就需要进行调整以提高平衡率。基于分割块加工时间，分割式赛汝的平衡率表示为式（4-3）。如果分割式赛汝的平衡率较低，说明该赛汝中瓶颈分割块的加工时间与其他分割块的加工时间存在较大差距，很容易造成其他分割块中工人等待的浪费，这时需要进行调整以提高分割式赛汝的平衡率。

$$分割块中工人平衡率 = \frac{分割块中所有工人加工时间的总和}{分割块中瓶颈工人加工时间 \times 分割块中工人总数} \quad (4\text{-}2)$$

$$分割式赛汝的平衡率 = \frac{赛汝中所有分割块的加工时间总和}{赛汝中瓶颈分割块加工时间 \times 分割块总数} \quad (4\text{-}3)$$

(2) 赛汝间的平衡性。根据多个赛汝间关系的不同，赛汝间平衡性的度量方法也不同。对于并行化的多个赛汝，其赛汝间平衡率表示为

$$并行化赛汝间平衡率 = \frac{所有赛汝加工时间的总和}{赛汝中最大加工时间 \times 赛汝总数} \quad (4\text{-}4)$$

赛汝中最大加工时间是指完成所需加工产品的最大完工时间，即 Makespan。对于并行化赛汝，赛汝间平衡率高意味着各个赛汝的加工时间相差不大、很均衡；赛汝间平衡率低意味着存在赛汝的加工时间比最大完工时间少很多，造成一些赛汝中工人空闲的浪费。此时调整的关键在于赛汝调度，合理的赛汝调度应该使每个赛汝的加工时间尽量相近，以防产生赛汝中工人空闲的浪费。

7) 确定运输方式

运输的存在才能够使赛汝生产运行起来，运输方式的好坏直接影响赛汝生产的性能[3]。确定运输方式是指确定赛汝供应材料、赛汝间部件和产品的运输方式、时间及成品运出的物流设计。其范围包括从材料的入库、保管、分类、出库，向各个赛汝的供应，各个赛汝间的运输，以及成品运出。在确定赛汝的运输方式时，应该考虑如下问题：需要供应的赛汝、供应物品的种类、供应批量的大小、供应的时机、供应的形态等，专业运输人员，物料供应路线的确定与供应频率。

可以将相同或相似赛汝所需的物品一次供应以减少运输次数和距离，同理可以将相同的物品一次供应给不同的赛汝以减少运输次数和距离。供应的时机包括定期供应、不定期供应、准时制供应和巡回供应等。最好在赛汝需要时为赛汝提供所需要的原材料或部件等物品，也就是准时制思想，但实现准时制供应有时很困难，最好采用不超过 1 小时的定期供应方式，定期供应的供应时间和供应量的确定应该根据赛汝生产量来合理设定。不定期供应的供应时间和供应量波动较大，容易造成在制品库存和半成品库存，在管理上也容易造成诸多问题。巡回供应指的是运输人员在巡回查看赛汝所需供应情况时，发现赛汝需要供应而及时进行供应的方式。

供应的形态指的是分选后进行供应还是未分选进行供应。分选后进行供应指的是在提供物品供应前先将原材料、零部件等物料进行分类，然后供应给赛汝，这样就需要有专门的分选人员。未分选进行供应不用设置专门的分选人员，由工人自己分选原材料、零部件等物料，一般在巡回式赛汝或单人式赛汝中使用。如

果分选需要占用很多的时间，那么应该采用分选后进行供应的方式；如果赛汝中的工人能够容易地对供应的原材料、零部件等物料进行分类，那么可以采用未分选进行供应的方式，这样可以减少分选人员。

专业运输人员在把材料供应给各个赛汝时，还要了解不同赛汝间生产的同期化程度，因为这些人员掌握的是生产现场的实际情况。因此，最好启用能够深入理解作业内容、能够进行赛汝进化管理的有经验的工人作为专业运输人员。

物料供应路线需要充分讨论物料运输的路线图，物料的运输手段是台车还是传送带，应该以什么样的频率运输物料。物料运输路线图应该考虑不同赛汝间生产先后的关系，应该考虑每个赛汝需要物料的类型和时间，以使得整体的供应路线最短。

8）试运行赛汝生产

赛汝生产应该先进行一周左右的试运行，最好以实验的心态进行生产，并尽量发现试运行阶段出现的问题。在第3、4天，赛汝生产的问题会逐渐减少，生产也会稳定下来，但此后仍然有问题发生。这时应该特别关注产品的质量问题和作业流程的改进，另外，原材料供应方面的问题也会比较多，需要及时发现和解决。如果一周后生产稳定了，就可以进行以提高产量为目标的赛汝生产实验。再经过一周到10天左右的实验生产，赛汝生产的效率通常可以与原来的生产系统效率基本持平，之后再把关注点放在和完善作业流程上。在赛汝生产试运行的结尾阶段，最好把生产效率的目标定为原生产系统生产效率的120%～130%。

在刚进行赛汝生产实验时，一定会发生产品次品率上升的问题，主要是因为工人操作多道工序不熟练，容易产生因忘记零件安装等低级错误造成的质量问题。由这方面造成的质量问题会随着工人持续生产、对多道工序操作的逐渐掌握和熟练而自然减少。如果次品率并没有随着工人的持续生产而逐渐减少，那么次品率上升就很可能源自工人作业方法本身存在的问题，需要由工艺人员或者高技能水平工人帮助详细分析具体原因。为了减少在赛汝生产试运行阶段产生次品率上升的问题，应该在这一阶段增加质量检查人员、质量问题分析人员。质量检查人员负责快速寻找产生次品的赛汝、工人和具体的工序，质量问题分析人员负责分析次品产生的具体原因和改进方法。当赛汝生产开始实施后，质量检查人员和质量问题分析人员的数量就可以相应减少。

在赛汝生产试运行阶段，管理者应注意以下方面：①当天的问题一定要当天解决，在赛汝生产试运行阶段的前几天会出现很多问题，无论问题多少，一定要当天解决，否则后续生产一定也存在该问题，从而造成各种浪费。②管理者、工艺人员一定要在生产现场巡视指导，切实掌握生产现场的状况，对问题要有敏锐的发现能力和掌控能力。提前准备好一些赛汝生产初期阶段常发问题的解决措施，当这些问题出现时就可以在现场直接解决。③在赛汝生产试运行的初期，不要过于在意生产效率，此时的关注重点要放在正确的作业方法、合理的作业流程和造成次品率的原因。每个赛汝应该详细记录生产效率的每天指标，初步分析生产效率的变动趋势。④要了解工人的需求并调动工人的积极性。工人的需求来源于操作赛汝工序的实际，如果需求是积极的，也就是希望改善具体工序的作业方法、改善作业流程或者是改进设备、零部件放置位置等，管理者和工艺人员一定要予以积极的响应，如果工人的需求确实能够提高生产效率，那么就应该给予进行实验和调整的机会；如果工人的需求是不积极的，那么管理者应该进行思想教育，若仍然没有进展则考虑将工人调岗。了解工人需求的方法包括一对一谈话、会议讨论交流、鼓励工人提意见等。在了解工人需求时，常常会产生触及赛汝生产的目的和本质问题，如工人想增加半成品、认为分工式流水生产线方式会更轻松、感觉站立作业很累等，此时管理者绝对不能够妥协，认真说明赛汝生产的目的和本质是十分必要的，要转变工人不接受赛汝生产的意识。

生产性能不断提高是赛汝生产的本质，因此在赛汝生产的试运行期间一定要关注赛汝的生产效率是否每天都能够改进。实际上，最初赛汝生产的出现也是从微小的改进开始的，然后才可能有更大的改进和成果。如果赛汝生产实施得不顺利，就返回到相应的过程进行改进；如果一点进展也没有，就返回到最初的步骤重新再来。在赛汝生产的试运行阶段，一定要实现下述目标：次品率达到预期要求，生产平衡率/同期化程度达到预期要求，以及工人的多能化水平达到预期要求。这些目标如果没有实现，就不应该真正地实施赛汝生产，而应该继续进行赛汝生产的试运行。

9) 评价赛汝生产的性能

赛汝生产性能的评价不但要客观地描述出当前赛汝的性能，而且关系着未来改善的方向和方法，是非常必要的。不仅要从生产效率角度来评价赛汝生产的性能，还要评价如下一些关键的生产性能指标：生产能力、最大完工时间、总完工时间、生产提前期、生产同期化、次品率、缺陷率、成品库存量、半成品库存量、在制品库存量、减少的工人数、空间利用率、工人的多能化程度等。

生产能力是指当前情况下赛汝系统所能生产的最大产量。最大完工时间描述了最后一个产品的完工时间。总完工时间描述了所有产品加工时间的总和。生产提前期描述了产品在投入的时间与成品需要时间相比较所要提前的时间。生产同期化描述了赛汝生产时各个赛汝之间的平衡性水平，即赛汝系统/赛汝的平衡率。描述质量的指标有次品率和缺陷率，其中次品率等于次品数量占全部产品数量的百分比，描述的是不合格产品的数量；缺陷率描述了每百万次抽样结果里缺陷出现的个数。成品库存量是已经制造完成并等待对外销售的已完成生产的产品数量。半成品库存量是指在生产中没有被加工而处于停滞状态的库存量。在制品库存量是指在生产中正在被加工的产品的数量。减少的工人数是指通过赛汝生产能够减少的工人数量。空间利用率是指正在生产的赛汝所占空间与总空间的比值。工人的多能化程度描述了工人操作多道工序的状况。

生产性能用于评价在赛汝生产试运行阶段的使用。在赛汝生产试运行中，每天都应该量化这些指标，如果企业所关心指标(如生产能力和最大完工时间)的效果达不到企业的要求，就需要返回赛汝构造步骤，重新进行赛汝系统的设计与调整。如果仅是个别指标没有达到预期效果，则返回相应的步骤予以改进。赛汝生产很少会按照给定的实施步骤一次性成功，经常需要根据获得的赛汝生产的性能指标多次返回到相关的实施步骤进行改善。赛汝生产试运行阶段的各项评价指标达到预期之后，说明赛汝已经具备了在实际中进行生产的能力，此时就可以具体实施赛汝生产了。

10) 实施赛汝生产

实施赛汝生产前需要制定生产计划，具体包括：确定生产品种和数量，分配生产批次到合适的赛汝中进行加工，确定批次在每个赛汝中的加工时间和加工顺序。以一天为例描述赛汝生产制定生产计划的详细过程。首先，需要确定当天需要生产的产品类型和数量，产品类型和数量的确定应该依据顾客需求。然后，分配产品到合适的赛汝中进行生产。在实际的赛汝生产中，赛汝加工的单位通常是批次，一个批次由一定数量的同种类型产品组成。分配完批次到合适的赛汝后，还需要确定每个批次在赛汝中的具体加工时间和加工顺序，也称为赛汝调度问题。赛汝调度是调度问题在实际生产中的一个应用，调度问题是一个非常复杂的组合优化问题，属于 NP 难问题。

赛汝调度是在给定产品批次和赛汝构造结果的基础上进行的[14]，因此赛汝调度结果受赛汝构造结果的影响。赛汝生产的运作包含两个重要的部分，即赛汝构造和赛汝调度，这两个问题都是 NP 难问题，虽然两个问题联合起来解决非常困难，但是若想获得最优的赛汝生产，就需要将赛汝构造和赛汝调度一起考虑，获得两者联合优化的最优解。文献[10]、[11]和[13]对给定赛汝调度规则下的最优赛汝构造进行了相关的理论研究，文献[14]对给定赛汝构造情况下的赛汝调度规则对赛汝性能的影响进行了研究。

既然确定要实施赛汝生产，就需要制定生产标准，包括作业标准、流程标准、生产能力标准。作业标准就是要把每个工序的作业内容制定出严格的标准，供作业工人执行。流程标准要把每个产品的加工流程制定出严格的标准，供相关赛汝执行。生产能力标准要制定出工人生产能力的下限，约束工人的工作效率，以防工人消极怠工。在实施赛汝生产之前要制定相关的管理制度，也有必要对原先的管理制度/管理系统进行改进/升级，要明确赛汝生产中作业工人的工作制度、工人奖励和惩罚制度、突发事件的应对制度等。

在该阶段，虽然已经开始实施赛汝生产了，但仍然有可能在赛汝生产实施过程中出现一些问题,若问题较多、较集中,则应该暂停赛汝生产,返回到相关的步骤集中解决。

4.2　赛汝生产的维护

在实施赛汝生产后,需要维护赛汝生产的现状,并且分析现状、发现问题并加以改进[1, 2]。

1)保持赛汝中合适的工人

除了单人式赛汝的人数固定为 1 人外,其他几种类型的赛汝都是由几个人在一起进行作业,因此必须维护好各种赛汝中合适的工人数和相应的技能水平[2]。在分割式赛汝中,如果赛汝内的工人数增多,就会把作业流程细分,从而使得分割式赛汝趋向于流水生产线,因此分割式赛汝中的工人数不应过多。在巡回式赛汝中,如果增加赛汝中的工人数,就必然增加工人作业时的交叉,影响巡回式赛汝的生产效率。通常来说,巡回式赛汝内工人数不应该超过 5 个,在增加工人数时如果工人总数超过 7 个,将会使巡回式赛汝的生产效率降低。在单人式赛汝中,不存在工人数的调整,但需要维护并提高工人的技能水平。

2)根据顾客订单调整赛汝

虽然赛汝生产可以在很多种情况下使用,但并不存在能够适用于所有情况的一劳永逸的赛汝生产系统。这是因为,赛汝生产的优点本质上是赛汝生产能够根据顾客需求进行快速响应,也就是说,当顾客订单不同时,赛汝系统的运作形态也不同。因此,经常发生这种情况,公司模仿其他公司的赛汝系统构建出自己的赛汝系统,虽然看起来是相同或相似的赛汝系统,但组建的赛汝系统所面向的产品背景是不同的,即使所生产的产品类型相同,也不能获得其他公司赛汝生产的性能,生产效率也不会出现预期的增长。

因此,在采用赛汝生产时,赛汝系统应该根据顾客的订单情况进行实时的维护和改进。当面对不同的顾客订单时,赛汝系统追求的效果也不同,赛汝的形态也不同。当顾客订单变动时,赛汝系统中包含的赛汝就应该实时地进行调整,以获得良好的生产效率。根据顾客订单情况,实时地调整和改变赛汝是赛汝生产的一个重要优点,但调整和改变赛汝也需要一定的时间和成本,因此当顾客需求变动较小时,应该考虑只调整和改变局部的赛汝。在企业的生产中,通常半个月以后顾客订单变化较大,因此一般企业可以每隔半个月考虑重新构建赛汝系统。

3)提高工人的积极性

赛汝生产中的工人具有高度独自完成生产的特点,工人对生产速度的影响增加了,工人以什么样的积极性进行生产是影响赛汝生产效率的重要因素[3]。在工人积极性不高的情况下，即使采用强制命令，经验丰富的工人也仅能组建出中等水平的赛汝，要想组建出优秀的赛汝，就需要发挥工人在生产现场的积极性。组建和改善赛汝时，一定要考虑如何维护和提高工人的生产积极性。

依靠工人的自觉性来维护其生产积极性比较困难，更别提提高工人的生产积极性了。因此，在赛汝生产中实施一些对策非常必要，例如制定评价工人技能水平的措施、制定促进生产同种产品赛汝间的竞争机制和制定与技能水平相符合的薪酬机制。对工人的作业时间进行测量，并对工人的多能工水平进行评价。工人的作业时间可以利用工业工程的知识和方法进行测量，工人多能工水平可以利用工人/技能表进行评价。将评价结果在工人之间进行公示，提高工人自主生产的积极性。公示赛汝的评价结果并进行奖励，激发生产相同产品的赛汝间/工人间的竞争意识，提高生产积极性，促进整体生产能力的提高。但是，需要特别留意总是处于评价末位的赛汝及相应赛汝的管理者[4]。公示完评价结果，还应该让工人与其他工人和管理者、赛汝中的工人和其他赛汝中的工人进行沟通，有助于提升工人整体的生产积极性。提高生产积极性最有效的方法是把工资与评价结果进行关联，因为这会将工人自身的努力直接反映在金钱上，所以是最容易提高生产积极性的方法，也是最客观的方法[2]。但是，在一些企业中薪酬规则已经固化，难以进行有效的调整。如果是这种情况，那么可以通过奖金奖励或者授予荣誉等方式来进行激励。

根据市场景气与否，制订不同的措施来提高工人的生产积极性。在市场景气的情况下，企业应该增加生产，需要更多的工人数量，此时通常正式员工满足不了需求，需要雇佣兼职工或者临时工，接受派遣员工，或者从其他职位调进赛汝中。由于对工人需求旺盛，企业应该稳定工人避免流失，因此应该提高态度端正和忠诚度高的工人的薪酬。在市场不景气的情况下，企业应该减少生产或者只按订单生产，且需要缩短生产提前期，此时通常正式员工即可满足产量需求。由于工人需求不旺盛，工人离职情况较少，因此企业应该提高技能水平高和效率高的工人的薪酬。

4) 确定赛汝生产的定额

在流水生产线生产方式中，工人的作业速度受传送带速度/速度最慢工人的制约，因此每个工人的生产定额很好确定，即由传送带速度/速度最慢工人确定。但在赛汝生产中，每个工人负责的作业增多了，工人独立完成一个产品的性能提高了，每个工人能够自主决定自己的作业时间。虽然这是赛汝生产的优势，但也造成了每个工人的生产能力不同，难以统一确定。因此，在赛汝生产中，如何确定工人的生产定额以保证稳定的产量非常重要[4]。对于单人式赛汝，该赛汝的生产定额通过该工人的作业时间确定；对于巡回式赛汝，该赛汝的生产定额通过所有工人作业时间的平均值确定；对于分割式赛汝，该赛汝的生产定额需要通过瓶颈分割块的作业时间确定。

对于实际生产能力超过提前制定的生产定额的赛汝或工人，企业管理者或者生产现场管理者应该提供资金和荣誉等奖励，对于生产能力达不到生产定额的，企业管理者或者生产现场管理者应该采用相应的措施来提高这些赛汝或工人的生产积极性和生产能力。确定赛汝生产中的生产定额，是确定赛汝生产能保证的最低产量，以稳定生产，也是为了提前确定赛汝和工人生产能力的下限，赛汝和工人只有满足这个下限才能实现产量的需求。另外，生产定额也应该随着赛汝和工人生产能力的改变而改变，同时生产定额的设置也应该考虑顾客需求，如果生产定额远远高于顾客需求，就会产生浪费。

5）维护并提高赛汝生产的平衡性

赛汝生产有缩短生产提前期、削减半成品的目的，因此赛汝生产的平衡性很重要[5, 6]。在实施赛汝生产时，如果平衡性不好，就要马上进行调整与改进。在考虑赛汝生产的平衡性时，由于包含多个赛汝，因此不能仅考虑一个赛汝的平衡性，而应该考虑整个赛汝系统的平衡性。赛汝生产实施时，生产平衡性指标可能不太理想，在实施赛汝生产后需要提高生产平衡性。即使在实施时赛汝系统的生产平衡性较高，随着赛汝生产的进行，工人的作业时间有改变，生产平衡性也有可能降低，因此在实施后也需要对赛汝生产的平衡性进行维护和提升。

在维护和提高赛汝生产平衡性时，首先需要确定评价生产平衡性的时间尺度和范围。时间尺度就是要明确是以 1 小时、半天还是 1 天为单位来评估赛汝生产的平衡性，范围就是要明确是以一个赛汝、多个赛汝还是整个工厂来评估赛汝生产的平衡性。因此，在维护和提高赛汝生产平衡性时，应该按照以下步骤进行。

（1）按时间尺度评价出各个赛汝内的生产平衡性。赛汝类型有分割式赛汝、巡回式赛汝和单人式赛汝。其中，单人式赛汝的生产平衡率总是 100%，因此不需要维护和提高；维护和提高分割式赛汝平衡性，就需要维护和缩短瓶颈分割块的作业时间；维护和提高巡回式赛汝平衡性，就需要维护和缩短技能水平差工人的作业时间或者工人之间在技能上的差距。

（2）按时间尺度评价出多个赛汝的生产平衡性。

（3）按时间尺度评价出工厂的生产平衡性，需要评价从投入原材料到生产完成的平衡性，此时维护和提高工厂生产的平衡性，目的是减少生产中的半成品，缩短生产中的停滞时间。

6）排除阻碍赛汝生产的因素

在实施赛汝生产后，仍然存在阻碍赛汝生产有效实施的因素，需要及时予以排除[5]。阻碍赛汝生产的主要因素有工人的抗拒和多能工培训的迟缓。人都有抗拒变化的心理，当一直执行的操作方法发生变化时就会产生抵抗心理。工人的抗拒具体表现在：流水生产线生产方式实施已经好几十年，在流水生产线上的工人眼里、意识里只有流水生产线生产方式，只知道这一种生产方式。对于这些已经习惯流水生产线生产方式的工人，只要一听说要换成赛汝生产方式，就会表现出强烈的抗拒。在实施赛汝生产后，仍然存在工人或多或少抵抗赛汝生产的情况，有可能消极怠工，需要实时地发现抗拒赛汝生产的工人，并寻找排除这些抗拒的措施。对于这部分工人，强烈的说服是必须要进行的，但最有效的方法是用业绩证明，构建用来示范的赛汝，将该赛汝的实际效果展示给工人看。在赛汝生产的实施过程中，多能化迟缓是一个巨大的问题[2]。多能化无法顺利开展的一个原因是培训工具的不足。培训时必须要配备标准教材，只用口头训教，工人很难记住培训内容。另外，现在出现了一种与实际赛汝相同的培训专用赛汝，工人在培训赛汝中跟着培训教师进行作业，7～10 天就可以达到掌握该赛汝作业工序的水平。

7）根据生产实际调整赛汝系统

赛汝系统不是固定不变的，应该根据生产实际进行灵活的调整。赛汝系统的调整包括两方面：一方面是赛汝构建的调整；另一方面是赛汝调度的调整[7-13]。

赛汝构建的调整是指当生产需求变化较大时，应该根据生产需求进行一个或几个赛汝构建上的调整，甚至整个赛汝系统的调整；当生产需求变化较小时，可以进行一个或几个赛汝构建上的调整。对于是否增加或者减少赛汝，生产现场管理者或监督人员需要定期检查每个赛汝的产量，根据需求产量的变化实时地灵活处理。对于是否要重构整个赛汝系统，生产现场管理者就需要与销售部门紧密沟通，实时了解顾客订单的需求，尽量不要频繁重构赛汝系统，只调整一个或几个赛汝。

赛汝调度的调整是指当生产需求变化较小时，尤其是产量上的变化，可进行赛汝调度的调整。赛汝调度的调整可以不涉及赛汝构造的调整，而是在现有已构建赛汝的基础上，仅仅进行产品到赛汝指派上的调整。对于是否要进行赛汝调度的调整，生产现场管理者或监督人员要定期检查每个赛汝的生产类型、产量、空闲时间，再根据产品产量的变化进行赛汝调度的调整。例如，当一个产品需求产量减少时，生产该产品的赛汝的空闲时间增大，此时可以将需求产量增大的其他产品安排给该赛汝进行生产，但前提是该赛汝具有生产这个产品的能力。赛汝调度的调整能够在不改变现有赛汝的基础上，只通过产品和赛汝的组合优化来提高赛汝系统的生产效率，相比赛汝构造的调整有更多优点，但前提是赛汝能够加工多种类型的产品。

根据生产实际调整赛汝系统的能力，决定了赛汝生产的效率，也决定了赛汝生产是否能够很好地适应顾客的需求，是企业实施赛汝生产时一项非常重要的能力。企业的管理者、生产现场管理者和监督人员应该在这方面多下工夫。

8) 构建维护与改进赛汝的组织

维护和改进赛汝生产性能的组织应该推动以下工作：组建维护和改进赛汝生产性能的组织，制定维护和改进赛汝生产性能的推进计划，召开维护和改进赛汝生产性能的会议，制定维护和改进赛汝生产性能的措施并实际执行，制定相应的人才培养计划。其中，人才并不专指多能工，而是包含多能工在内的维护和改进赛汝生产性能所需的所有人才，如优秀的企业层管理人员、优秀的生产现场和监督人员、优秀的赛汝管理人员等。

维护和改进赛汝生产性能的组织应该包含以下人员：企业层的管理人员、生产现场的管理者和监督人员、每个赛汝的管理人员和技能水平高的工人。其中，企业层的管理人员应该负责该组织的构建及相关人员的选择、组织制定推进计划、组织召开会议、监督措施的制定与执行、统筹确定的人才培养计划[6]。生产现场的管理者和监督人员应该大体掌握赛汝生产系统的整体性能、缺点和改进空间，以及瓶颈部分，需要负责制定维护和改进赛汝生产性能的措施并实际执行，同时辅助制定相应的人才培养计划。另外，生产现场管理者和监督人员还需要掌握每天的改进情况，反馈给企业层的管理人员和每个赛汝的管理人员。每个赛汝的管理人员需要明确其所在赛汝的性能、缺点和改进空间，以及瓶颈分割块或工人，需要负责制定维护和改进该赛汝性能的措施并具体执行，同时辅助制定该赛汝所需人才计划。赛汝管理人员的关键在于寻找突破所在赛汝瓶颈分割块、人员的方法。技能水平高的工人，需要明确其所掌握工序的最佳作业方法，为制定维护和改进相应赛汝性能提供具体措施，并具体辅助执行。

只有赛汝生产性能组织中的各个人员相互配合并具体负责起其所负责的职责，赛汝生产的生产性能才能维护好并得到有效改进。

4.3　赛汝生产的案例

4.3.1　实施赛汝生产的索尼公司

该案例选自文献[1]。索尼公司较早引进赛汝生产并意识到赛汝生产方式的高效性。20 世纪 80 年代后半期开始，日本的音响影像行业持续不景气，索尼公司开始在影像部门引进丰田生产方式。1991 年秋，当时负责影像部门的管理者对建立自动化流水生产线持怀疑态度，因为自动化生产线并没有降低企业的生产成本。他们调查了其他公司的应对措施后发现，与索尼公司有贸易往来的零部件制造商 A 电机公司并没有使用流水生产线生产方式，但人均生产效率却远远高于索尼公司，而且还不存在过量库存的情况。受 A 电机公司实际生产效率的影响，索尼公司影像生产部门的索尼美浓加茂正式开始致力于生产革新。索尼美浓加茂在丰田副会长大野耐一及有丰富经验的技术顾问指导下开始致力于生产线的改善。1992

年夏，为了进一步探讨流水生产线式作业是否真正有效率，尝试让原来需要 5 个人掌握的作业由 1 个人全部掌握。结果是，生产量由流水生产线中每人每天平均 150 台变为现在每人每天平均 243 台，其中更是出现了每天可组装 300 台的工人，颠覆了流水作业是最有效的传统观点。随后，生产革新从地方生产子公司的索尼美浓加茂扩大到影像部门的索尼幸田(摄像机生产工厂)、索尼木更津(台式磁带录音机生产工厂)，以及其他部门的索尼一宫(电视机组装工厂)、索尼本宫(电子枪、薄型显像管工厂)，最终扩大到索尼全公司。

另外，在这一时期日本企业的卡西欧山形分公司(又称山形卡西欧)也引进了赛汝生产方式。该公司把流水生产线逐渐移向海外，在新产品及多品种、小批量的生产中，为避免流水生产线方式频繁切换导致生产效率低下，引进了赛汝生产，形成了 U 字形生产线，由 2～4 名作业员组成一个小组负责多道工序。实施赛汝生产后，产量增加 42%，次品率降低 40%。

4.3.2　实施赛汝生产的电机公司

该案例为实施赛汝生产的 4 个生产电机的公司，选自文献[3]。

1)生产电机的 A 公司

A 公司已将超过 60%产量的产品在海外进行生产，日本国内保留的生产线只生产少量的产品和新产品。为了新产品而开发的生产线出现了生产不同类型产品时的大量时间浪费，因此 A 公司引进赛汝生产方式，赛汝生产使得 A 公司容易应对产品类型和产量的变化，例如，每天装配 150 台需要 3 个人，如果减产到每天装配 100 台，那么 2 个人就可以完成装配，在巡回式赛汝中通过减少 1 个工人即可灵活地实现；如果增产到每天装配 200 台，那么通过在巡回式赛汝中增加 1 个工人即可实现。在引进赛汝生产之前，A 公司多次进行了自主主导的准时制改善活动，例如，自 1991 年开始着力发展少人化和少力化的生产形式，即低成本自动化生产方式；于 1993 年参加了日本中部产业联盟的讲学会，学习了丰田生产方式。在引进赛汝生产期间，公司还参观学习了日本电气股份有限公司(Nippon Electroic Company，NEC)的长野分公司。另外，针对检查和焊接这些工序，公司进行了有针对性的多能工培训。

A 公司构建了四种类型的赛汝，分别生产大尺寸、中尺寸、小尺寸及交货期相对宽松的产品。生产交货期相对宽松的产品的赛汝可作为其他赛汝候补，当其他产品需求较急时，该赛汝则生产这些产品。在公司的实际生产中，根据需求每两周进行赛汝系统的重构。由于赛汝生产节省了劳动力资源，A 公司构建了与各赛汝相关联的赛汝，用以吸收因为实施赛汝生产后节省下来的工人。

A 公司为了提高工人积极性，进行了工人能力业绩考核，建立了以赛汝效率为考核指标的表彰制度，也建立了与工人工作效率挂钩的涨薪与奖励制度，还建立了与改善效果相关的奖励措施，即对改善效果好的赛汝和工人给予一次性补贴奖励。A 公司针对构建的赛汝系统，建立了新的零件供应体系。公司在购进零件后，根据零件随箱的明细（记录零件名称、适用的产品等）分类出各赛汝使用的零件，然后按照类别分为大量件和小量件。大量件再按照工序分类进行供应，少量件则运输到赛汝保管原材料处，由工人自行提取所需零件。

2) 生产电机的 B 公司

B 公司引进赛汝生产的目的是应对需求的增长，因为赛汝生产可以在不增加劳动力数量的情况下有效地提高生产量。在引进赛汝生产时，公司对实施了准时制的日野汽车公司进行访问，参观学习 NEC 的山形、日立等工厂。在 1995～1996 年，公司还聘请外部企业顾问分析量产产品和小批量产品的生产顺序。因此，公司在实施赛汝生产前，已经具有了分析其现有生产系统问题和进行一些改进的能力。

B 公司实施赛汝生产后，移动设备占 35%，电话通信设备占 50%，其他产品占 15%。生产能力得到了提升，并且随着工人对赛汝生产的熟悉和技能的提高，以及工具夹等辅助设备的改良，赛汝生产的效率更进一步提高。但是在公司实施赛汝生产的初期，赛汝生产中工人负担较重，工作效率较低。

3) 生产电机的 C 公司

C 公司在 1993 年初陷入了自上市以后的第一次经营赤字，而且公司此前建立了包括无人搬送车和无人仓库的自动化生产系统，但是因为缺乏灵活性，难以应对产品类型的变化，在设备折旧之前的 1993 年和 1994 年就撤除了。为此，公司聘请了咨询公司的资深员工作为企业顾问实施生产革新。

在 C 公司的生产革新中，生产形式由串行转变为并行，也就是按照产品类型进行了生产线分类。虽然没有完全实现，但生产效率提高了。另外，C 公司弱化了集中式管理，例如，把生产技术人员从总部分配到三个下级工厂，而把基础技术的研究工作作为总部生产技术部门的核心业务，由此加快设备改良速度。另外，公司还致力于通过变更人事政策来激励员工以提高生产率，如把奖励权限下放、每个组按月进行利润的分配管理。

4) 生产电机的 D 公司

最开始 D 公司采用的是自动化生产方式，构筑了以自动仓库、自动导轨、无人运输车、MRP（material requirement planning）为内容的工厂自动化体系，并在 1984 年获得某商业报的工业自动化奖。然而，由于生产灵活性较差，自动化生产方式在之后的几年并没有得到理想的效果。公司在 1985 年进行的多元化产品生产失败了，1987 年陷入经常性财政赤字。为此，公司到东京的商务团体进行探讨，遇到了有经验的咨询公司顾问，决定开始进行生产革新活动，引进赛汝生产方式。

首先 D 公司将以前按工序的串行管理方式改变成按产品类型的并行管理方式，生产方式从依靠计算机预测的面向库存的大规模生产转变为管理直观的面向订单的多品种、小批量生产。这些变化取得了生产性能的改善，例如，生产周期由一周缩短为几小时，减少了运输、停滞的浪费。公司建立了专门的配送小组，把一些权限直接下放给相应赛汝的管理人员，使得组织管理扁平化。另外，采用生产现场向客户直接配送的运输体系，减少了运营部门和生产管理部门在生产现场与客户之间的介入次数。通过把相应权限下放，每个赛汝都能自主设定生产效率的目标，该目标的完成影响工人的人事考核。考核时，工人效率的评价结果占30%，团队效率的评价结果占 50%～60%。

4.3.3　实施赛汝生产的厨浴用品公司

实例选自于文献[4]。该公司生产家庭浴室、厨房中使用的产品，总部在东京，在日本各地有 8 个营业点、8 个工厂，在日本国内约有 350 名员工，在美国和中国也有营业点与工厂。公司引进赛汝生产的目标是降低成本的 30%，成本包括材料费、劳务费、机械费和运费，这里只考虑工人的劳务费。

该公司位于日本关东地区的工厂状况为：从业人员数量有 23 人，生产的产品类型为软管，如电子吸尘器里连接吸口与主体的蛇腹状软管和洗漱台下面用于排水的 J 形软管。软管包含金属口和材质为聚氯乙烯的软体管，品质上要求确保金属口与软体管衔接良好以避免漏水。

公司首先进行了生产流程的现状分析，工序流程主要包括成型工序、去毛刺工序、组装工序和检查是否漏水(简称检漏)工序。成型工序是把软管塑成型并切割成规定的长度；去毛刺工序是去除由成型工序中切割软管两端出现的毛刺；组装工序是用黏合剂将金属口和软管组装在一起；检漏工序是检验金属口和软管间连接处是否漏水及软管是否漏水，是保证质量的关键工序，不可省去。成型工序由 1 名工作人员操作 4 台机器，表示成需要 0.25 名工人，作业时间为 32s；去毛刺工序、组装工序、检漏工序各需 1 名工人、3 名工人和 1 名工人，作业时间分别为 3s、19s 和 6.5s。成型工序布局在工厂 1，去毛刺工序、组装工序和检测工序布局在工厂 2，因此需要在工厂 1 和工厂 2 之间设置半成品存放处。

针对目前的生产现状，公司在实施赛汝生产之前进行了持续改善。第一次改善的内容是让组装工序和检漏工序由同一个工人操作，需要先培养出能够操作这两道工序的多能工，并在检漏工序中由一次对一个软管进行检测改成一次对两个软管进行检测。改善前后的工序、作业内容、加工时间如表 4-1 所示。改善前的组装工序、检漏工序加工一个软管的作业总时间为 25.5s；改善后的组装工序、检漏工序加工两个软管的作业总时间为 43.5s，因此加工一个软管的作业时间为21.75s。另外，改善后组装工序和检漏工序合并，减少了一个工人。

表 4-1 公司流程改善前后的工序、作业内容、加工时间比较

改善前			改善后		
工序	作业内容	时间/s	工序	作业内容	时间/s
				用左手从箱子里拿出 2 个软管	1
	用左手从箱子里拿出 1 个软管	1		用右手拿黏合剂在软管端部涂抹，接着对另一个软件进行涂抹	11
	用右手拿黏合剂在软管端部涂抹	7		用右手从箱子里取出 1 个金属口	1
组装	用右手从箱子里取出 1 个金属口	1		将金属口沿螺纹旋入软管	8
	将金属口沿螺纹旋入软管	8		用右手从箱子里取出 1 个金属口	1
	确认金属口进入软管，放在桌上	2	组装、检漏	将金属口沿螺纹放入软管	8
				确认 2 个金属口分别进入 2 个软管，放在桌上	2
	向检验设备中放入软管	2		向检验设备中放入软管 1	2
	接通电源	0.5		向检验设备中放入软管 2	2
检漏	取出软管放在桌上	2		接通电源	0.5
	在空气中用水擦拭	2		取出软管 1 放在桌上	2
				取出软管 2 放在桌上	2
				将 2 个软管在空气中用水擦拭	3

第二次改善方案是由作业人员提出来的，由以前操作中使用锯刀改为使用圆刀，由于工具的改善，切割后的软管没有毛刺，因此就不需要去毛刺工序，由此作业时间又减少了 3s。

在第二次改善的基础上又继续改善，表现在布局的改善上，即由原来的成型工序、组装和检漏工序分在两个工厂里改善成工序都布局在工厂 1 中。另外，对工人操作工序进行了改善，从改善前的成型工序中 1 个工人操作 4 台机器改善成由 4 个工人分别操作 1 台机器。而且，也对作业流程进行了改善，将成型工序、组装和检漏工序合并在一起，此时 1 个工人的作业时间为 32s。因此，改善后工人的工作时间为 4×32s=128s。改善前工人的工作时间为 5.25×60.5s（=32s+3s+19s+6.5s）=317.625s。改善的效果为 59.7%，即劳动时间降低了 59.7%，达成预期目标。

该实例介绍了在赛汝生产中对现有生产系统问题的分析与改善方法，具体包括生产流程及作业时间的分析与改善、影响品质的工序的分析与改善、布局的分析与改善、工人作业内容的分析与改善。

4.3.4 实施赛汝生产的摄像机公司

实例选自文献[5]。日本一个生产摄像机的公司，于 1995 年 9 月在摄像机的组装生产中引进了赛汝生产方式。在引进赛汝生产之前，该生产摄像机的公司共有 120m 的流水生产线 5 条，每条流水生产线上约有 100 名工作人员，工人按照分工作业进行生产，以 20～25s 的循环时间生产，每天生产 1000 台摄像机，因此共能完成 5000 台摄像机的生产任务。

1995 年 9 月以后，该公司开始引进赛汝生产方式。1996 年 4 月，公司只留下 1 条 80m 的流水生产线，拆除了其他 4 条流水生产线，并把相关工序包含在新构建的 16 个赛汝中，这也就是在日本企业中常说的流水生产线向赛汝生产转换[6-12]。新构建的赛汝是分割式赛汝，在每个分割式赛汝中约 29 个工人进行作业，以 60～65s 的循环时间每天生产 400 台摄像机，每天总计能完成 6400 台的生产任务。

1997 年 4 月，最后 1 条流水生产线也被拆除并转换成赛汝，又新构建了 5 个分割式赛汝，每个赛汝中比原来少 4 人即 25 人进行生产，以相同的循环时间即 60～65s 进行生产，每天可生产 400 台。其中，减少 4 个工人的工序数量是产品设计的改良、引进赛汝生产方式后工人对工作的熟悉引起的工序改良的成果。这样总计组建了 21 个赛汝，每个赛汝都以 60～65s 的循环时间进行生产，每天可完成 400 台的生产任务，合计每天能够完成 8400 台的生产任务。

随后，针对已有的赛汝系统，公司进行了不停的改进。1998 年 4 月，在原有赛汝系统的基础上，构建了 24 个赛汝，每个赛汝内有 23 个工人，赛汝的循环时间不变，仍然是 60～65s，这样每天能够完成 9600 台的生产任务。1999 年 4 月，公司构建了 25 个赛汝，每个赛汝有 21 个工人，每天合计能够完成 10000 台的生产任务；2001 年 4 月，公司构建了 30 个赛汝，每个赛汝有 16 人，每天合计能够完成 11600 台的生产任务；2003 年 4 月，30 个赛汝中每个赛汝由 16 个工人减少到 13 个工人，每天可完成 12000 台的生产任务。

1997 年组建的赛汝中包含 25 个工人，2003 年组建的赛汝中包含 13 个工人，一方面减少了工人数，另一方面也减少了赛汝中的工序个数，这是在设计改进、作业改进、流程改进及工人积极参与到赛汝生产效率改进中所取得的成果。

参 考 文 献

[1] Liu C, Stecke K E, Lian J, et al. An implementation framework for Seru production[J]. International Transactions in Operational Research, 2014, 21(1): 1-19.

[2] Yin Y, Li M, Kaku I, et al. Design a just-in-time organization system using a stochastic gradient algorithm[J]. ICIC Express Letters-An International Journal of Research and Surveys, 2011, 5(5): 1739-1745.

[3] 岩室宏. 关于赛汝生产的科普读本(日文)[M]. 东京: 日刊工业新闻社, 2004.

[4] 岩室宏. 赛汝生产系统(日文)[M]. 东京: 日刊工业新闻社, 2002.

[5] 坂爪裕. 赛汝生产方式的形成原理(日文)[M]. 东京: 庆应义塾大学出版社, 2011.

[6] 柳生俊二. 同期赛汝生产方式(日文)[M]. 东京: 日刊工业新闻社, 2003.

[7] 都留康. 生产系统的革新与进化(日文)[M]. 东京: 日刊评论社, 2001: 62-64.

[8] Kaku I, Gong J, Tang J F, et al. A mathematical model for converting conveyor assembly line to cellular manufacturing[J]. International Journal of Industrial Engineering and Management Science, 2008, 7(2): 160-170.

[9] Kaku I, Gong J, Tang J F, et al. Modeling and numerical analysis of line-cell conversion problems[J]. International Journal of Production Research, 2009, 47(8): 2055-2078.

[10] Yu Y, Tang J F, Sun W, et al. Reducing worker(s) by converting assembly line into a pure cell system[J]. International Journal of Production Economics, 2013, 145(2): 799-806.

[11] Yu Y, Tang J F, Gong J, et al. Mathematical analysis and solutions for multi-objective line-cell conversion problem[J]. European Journal of Operational Research, 2014, 236(2): 774-786.

[12] Yu Y, Gong J, Tang J F, et al. How to do assembly line-cell conversion?A discussion based on factor analysis of system performance improvements[J]. International Journal of Production Research, 2012, 50(18): 5259-5280.

[13] Yu Y, Sun W, Tang J F, et al. Line-hybrid Seru system conversion: Models, complexities, properties, solutions and insights[J]. Computers & Industrial Engineering, 2017, 103: 282-299.

[14] Yu Y, Wang S H, Tang J F, et al. Complexity of line-Seru conversion for different scheduling rules and two improved exact algorithms for the multi-objective optimization[J]. SpringerPlus, 2016, 5(1): 1-26.

[15] 于洋, 唐加福. Seru 生产方式[M]. 北京: 科学出版社, 2018.

第二部分　赛汝生产系统设计
优化方法

第 5 章　赛汝生产综述

学术界对赛汝生产组织与管理方式进行了比较深入的研究，重点采用案例研究、实验与调研、比较分析、统计分析、优化建模与数理分析等方法，主要关注实施场景与条件、性能指标的改善、成功案例、影响因素、生产系统复杂性分析及赛汝装配系统的优化设计和批调度方法。本章对赛汝生产的前提条件与适用范围、赛汝生产系统复杂性与最优性分析、赛汝系统构造的优化模型及算法、赛汝系统最优调度及其算法等方面的研究进行综述。

5.1　赛汝生产的前提条件与适用范围分析

文献[1]系统地分析了日本制造工厂中赛汝生产的实施经验，对文献资料进行了广泛调查，从实践的角度为人们提供一个实施赛汝生产时应该遵循的一般框架和一些基本原则。文献首先整合了有关赛汝生产的大量数据，并考虑到大多数制造业的管理者对赛汝生产基本理论知识的匮乏，提出了一个通用的实现赛汝生产的框架。首先赛汝生产进行前期准备，分析产品特点和制造过程特点，为后续的多能工培训和赛汝系统的工程培训打下基础；然后进行赛汝系统的设计，多能工交叉培训；随着对赛汝生产的运作进行评价。其中，在产品及制造过程特点分析上，说明如何在赛汝生产初期进行加工产品的选择及构造赛汝。在赛汝系统设计上，从选择赛汝类型、材料运输方式、选择加工方法及生产平衡四个角度进行说明。并且指出多能工需要在系统设计前进行培训，需要根据产品工序的需求先进行必要技能的培训，来满足转化后赛汝系统的基本需要，而后再进行全面的技能培训。最后，对赛汝生产系统的运行和评估进行分析，最常用的八种性能评价指标为生产效率、生产提前期、完工时间、制品库存、成品库存、员工数量、空间利用率、多能工水平和生产成本。评估赛汝生产系统的各种指标，对整个生产系统的影响都很重要。

文献[2]提到日本企业将流水生产线生产转换为赛汝生产是对传统流水生产线制造系统的一种创新。这种转换的最大贡献在于，在动态生产环境中提高了生产柔性和工人的技能水平，从而改善了系统性能。然而，这种转换不容易控制，因为赛汝中的工人需要具有更高的技能水平，并且转换的实现受到各种内外条件的限制。文献基于流水生产线生产转换为赛汝生产的问题，分析了转换过程中多能工相关因素对转换后赛汝生产效果的影响。建立了与工人能力水平相关的流水生产线生产、纯赛汝生产和包含赛汝流水生产线混合系统的数学模型，假设产品组合和工人的技能水平是变量，使用先前文献收集的数据进行模拟实验，分析在流水生产线向赛汝系统转化的过程中，每个因素变化对评价指标带来的影响，提出了有效加强交叉训练的建议。在赛汝生产中，交叉培训的成本昂贵，在产品类型变化时工人自主选择和改变工具等附加任务可能对赛汝生产系统带来负面影响，该文献阐述了交叉培训对减少这种影响的重要性。定义纯赛汝生产模型中循环时间为装配任务处理时间、新增任务处理时间和操作难度影响的消除时间三部分之和，建立赛汝流水生产线混合系统的模型。通过仿真实验讨论了在考虑这些因素的情况下，将流水生产线生产转化为赛汝生产的有效性。最后得出赛汝流水生产线混合系统更适合动态生产环境的结论。该文献研究了工人能力对实施赛汝生产的影响，指出应该加强工人交流并提供一个好的培训方法以提高赛汝系统的性能。

文献[3]指出，在实施赛汝生产中，多能工是最重要的前提条件，与多能工相关的问题非常具有研究价值。在传统的流水生产线上，工人只负责一道程序，因此工人只需要掌握一种技能，为了能够成功实施赛汝生产，需要进行多能工的培训。培训所有工人掌握所有技能并不是一个明智的方法，事实上，在某些情况下，工人并不需要掌握所有的加工产品的技能。例如，在分割式赛汝中，每个工人只执行产品的几个任务。对于特定的工人，如果采用分割式赛汝，多能工培训应侧重于扩展基于自身技能范围的技能。在赛汝生产系统中，工人被分配到不同的赛汝中加工不同的产品，即使采用分割式赛汝时把几个工人分配到同一个赛汝中，这些工人也会执行不同的任务。由于不同的工人负责不同的任务，因此这些工人的培训技能应该有所不同。另外，在制定将任务分配到工人的培训计划时，应该考虑到工人间处理时间的平衡性，以确保有效地生产经营。因此，针对流水生产线向赛汝转换的多能工培训和分配问题，构建了一个培训成本最低和每个赛汝中多能工加工时间平衡性最好的多目标模型。研究了在同时考虑培训成本和不同工人对各个批次处理时间的差异性时，如何将任务分配给工人，以及如何将工人分配到各个赛汝。开发了一个启发式算法来求解这个多目标模型，提出的启发式算法分为三个步骤：①得到一个工人分配到赛汝中的分配计划；②获得该种分配下所有可行的任务分配给工人的培训计划；③确定最终把任务分配给工人的最优培训计划。针对上述方法，从两点进行了进一步的解释：第一个是关于移除步骤①中使用的工人的方法；第二个是从可行的培训计划中选择满意的培训计划的方法。针对人员培训，该启发式算法基于产品工序需求和人员能力的关系集合寻找一个较优解。最后，通过几个计算案例来测试所开发的算法的稳定性和有效性。

文献[4]研究了赛汝生产中的多能工培训和指派的成本最小问题，赛汝生产系统的优势在于多能工实现了高生产效率和灵活性，满足了多品种、小批量生产的需求。在提高赛汝生产系统性能方面，多能工被视为关键因素。文献研究了赛汝生产系统中的多能工培训和指派问题，旨在最大限度地降低总成本，特别是工人的培训成本和赛汝中所有工人处理时间的平衡成本。建立了数学规划模型，通过确定将工人分配到赛汝中的分配计划和将任务分配给工人的培训计划来使总成本最小。为了有效地解决该问题，从排队论角度提出了一个两阶段启发式算法，在第一阶段和第二阶段分别采用模拟退火(simulated annealing，SA)和迭代贪婪(iterated greedy，IG)启发式算法的主要思想。第一阶段的目标是优化工人到赛汝的分配计划，即把工人分配到赛汝中，先初始化再进行邻域搜索，最后确定终止条件。第二阶段的目标是优化将任务分配给工人的培训计划，即把任务分配给工人，基于在第一阶段确定的工人到赛汝的分配，第二阶段利用 IG 启发式算法的解构和重建机制，将特定产品类型的所有任务分配给相应赛汝中的多能工，此阶段在迭代求解过程中继续使用关于温度的终止条件。基于共 480 个大型和小型的测试实例，通过与最前沿的启发式算法进行比较，验证了该两阶段启发式算法的有效性和高效性，关于如何培训和分配多能工的研究对赛汝生产系统来说是非常重要的。

文献[5]阐述了面对多品种、小批量的需求及国际竞争日益激烈的商业环境，制造企业必须对市场做出快速响应，并提供多样化、个性化的产品，这就要求生产方式同时兼具足够的柔性和效率。在这种趋势下，产生了新的生产模式——赛汝生产。赛汝是精益系统方法的替代品，体现了重要的差异化系统设计，为动态、高成本的市场环境提供了希望。文献对日本两个电子巨头——索尼及佳能深入实施赛汝生产中的大量案例进行了整合和分析，解释了索尼和佳能如何应用赛汝生产来提高生产效率、产品质量和柔性，从而保持竞争力。从响应性和减少浪费两方面对比赛汝生产、精益生产和敏捷生产，总结出赛汝与它们的联系和区别。在此基础上，进一步分析了赛汝生产在高成本的制造业环境下降低成本使企业保持竞争力的原因，阐述了流动生产的理论——在一个生产过程中，材料流动越快，甚至没有停顿，生产力就越强，对实现流动生产提出了几点建议。最后针对未来在高成本市场中提高生产效率、响应性和竞争力给出建议。

文献[6]提到丰田生产系统或精益生产一直被制造业视为一种功能强大的管理方法。然而，在 20 世纪 90 年代初，人们逐渐发现丰田生产系统并不适用于当时的日本电子企业。丰田生产系统适用于市场环境较为稳定的情况，并不适用于像日本电子行业那样动荡的商业环境。这种动荡的市场环境下的产品具有如下特点：生命周期短，产品类型不确定，产量波动(有时需要大量生产，有时只需要几批产品，有时需要的数量极少)。赛汝生产作为一种新的创新生产模式，特别适用于这种动荡的市场环境。许多企业，如三星、索尼、佳能、松下、LG、富士通都采用赛汝生产模式。赛汝生产带来了惊人的收益，例如：①减少了劳动力；②大大减少了对工作空间的需求；③可以减少准备时间、在制品库存、成品产品库存，节约成本。文献介绍了赛汝的历史、定义，赛汝是由一些设备和一个或多个工人组成的生产一种或多种产品的制造组织单元。文献用赛汝金字塔来比较赛汝系统与丰田生产系统。赛汝金字塔的顶层是准时制组织系统，准时制组织系统是赛汝系统高性能的关键，更智能。赛汝生产适合于在组织上实行准时制的企业，能够使得工厂变得更聪明。

文献[7]指出，针对产品交货时间短、定制化产品的顾客需求，需要设计和实现可以快速响应的生产系统。因此，有些企业将流水生产线转换为赛汝系统来实现这一目标，但是由转换所带来的改进尚不明确，很难知道在什么时间和什么地点实施赛汝是最合适的。文献在实际工厂中测试将多模型装配流水生产线转换为赛汝系统，使用基于从实际工厂中收集的数据模拟模型，估计每个因素变化对流水生产线转换为赛汝系统所带来的性能改善的边际影响。影响流水生产线向赛汝系统转化的性能有两个：一是从功能布局转换到赛汝布局时的性能改进；二是从流水生产线转换到赛汝系统时的性能改进。赛汝系统性能改进的原因如下：可以减少准备时间、移动时间和等待时间。使用仿真模型来检查当前流水生产线和提出的赛汝系统的循环时间和批量生产时间性能，它们也被用来估计每个因素变化对使用赛汝而不是任何流水生产线产生的性能改进产生影响的边际影响。最后，对实验结果进行讨论和分析，给出可变性和任务规模对周期时间和赛汝系统中批次流动时间的影响，并说明了预测这两个因素的相互作用如何影响性能的难度。

文献[8]讨论了如何进行流水生产线向赛汝转换的问题，重点讨论了赛汝构造过程和赛汝调度过程。构建了一个最小化完工时间和总工作时间的双目标模型，利用该双目标模型得到的 3 个非支配解来评价赛汝系统的性能。进行了 64 次全因子实验并使用 3 个非支配解来研究哪些运营因素或因素之间的相互作用可能影响流水生产线向赛汝转化的性能改进。工序数量是内部影响，产品类型和产品批次大小是外部影响，每个因素都有四个水平。利用穷举算法和基于 NSGA-II 的智能算法对大量实例进行求解，通过实验结果分析了企业在何种场景下采用赛汝生产能有效地降低完工时间和总工作时间。总结了成功进行流水生产线向赛汝转换的经验：在产品批次多、批量小的情况下更应该实施赛汝生产，但是在产品工序多的情况下，赛汝生产的效率下降；如果想要单独改善完工时间，那么应该建立更少的赛汝，并且应该将具有相似技能水平的工人分配到同一个赛汝中；若只想改进总工作时间，则应该建立更多的赛汝，应该把产品分配给生产该种产品所花时间最少的工人所在的赛汝；需要考虑赛汝间的平衡性。

文献[9]指出，具有赛汝和生产线的混合赛汝系统比纯赛汝系统更实用。例如，某些任务的设备昂贵且不适合复制，因此任务的设备必须留在短生产线中；一些工人不能在一个赛汝中执行所有任务，必须留在短生产线内。文献研究了将流水生产线转变为具有赛汝和短流水生产线的混合系统的基本原理。首先，在综合框架下，将两个评估性能(即完工时间和总工作时间)与四个约束条件(即工人分配、赛汝构造、赛汝调度和短流水生产线调度)相结合，提出了几个主要的流水生产线向混合赛汝系统转化的模型。随后，阐述了混合式赛汝生产系统的解空间和复杂性，证明其是 NP 难问题，流水生产线向混合赛汝系统转换的复杂性包括工人分配、赛汝构造、赛汝调度、流水生产线调度的复杂性。此外，通过将整个解空间划分为几个子空间来分析流水生产线向混合赛汝系统转换的性质。并且，提出了精确算法和启发式算法解决不同规模的实例。最后，通过对大量实验的测试，揭示了一些如何建立混合赛汝系统及如何在混合赛汝系统上进行调度的方法。①最小化完工时间时，应该构造短生产线上有 1 名工人的混合系统；应该把具有平均技能水平的工人而不是技能最好或最差的工人放在短流水生产线上；应该构建带有 1 个赛汝的混合系统；具有平均技能水平的工人应留在短生产线上。②最小化总工作时间时，应构建短生产线上有 1 名工人的混合系统；应构建更多赛汝的混合系统；应尽可能将大部分产品批次分配到有该产品的最短加工时间工人的赛汝生产中去。

5.2　赛汝生产系统复杂性与最优性分析

不同赛汝生产系统具有不同的复杂性，即使相同赛汝生产系统，不同性能指标下也具有不同的复杂性，而且它们的最优解也具有不同的性质。纯赛汝生产系统是混合流水生产线式赛汝系统的最简单特例，即系统中没有流水生产线部分，混合流水生产线式赛汝系统的复杂度比纯赛汝系统高很多。

文献[10]开发了一个多目标优化模型研究流水生产线向赛汝转化后的两个性能：完工时间和总工作时间。转换性能以降低完工时间和总工作时间为目标研究纯赛汝系统最优运作的关键步骤。首次提出模型中的决策变量 X_{ij} 决定的部分为赛汝系统构造(即纯赛汝系统的优化设计)，决策变量 Z_{mjk} 决定的部分为赛汝系统调度(即纯赛汝系统的批调度)，并通过结合纯赛汝系统的优化设计和批调度的解空间和复杂性，从理论的角度首次阐述纯赛汝系统最优运作的解空间、复杂性和非凸性质等。分别给出了使用先到先服务(first come first serve，FCFS)规则和最短加工时间(shortest processing time，SPT)规则进行赛汝系统调度的复杂度，证明了流水生产线向赛汝的转换问题是 NP 难问题及其 Pareto 前沿是非凸的。鉴于该模型比较复杂，开发了一种能够在合理的时间内解决大规模问题的非支配排序遗传算法(nondominated sorting genetic algorithm-II，NSGA-II)来解决流水生产线向赛汝转化的多目标问题。该算法在 NSGA-II 的原始算法中修改了几个算子以适应流水生产线向赛汝转换问题的特征。为了验证提出算法的可靠性，将基于该算法下的解与通过枚举获得的小规模精确结果进行比较，验证了所提出的算法是有用且可靠的，测试了更大规模下的流水生产线向赛汝转换问题并发现非支配解是收敛的。

文献[11]提到作为一种新型生产系统的赛汝系统，其中一个（或多个）工人执行赛汝中所有或大部分操作任务。如何确定转换过程中形成多少个赛汝，哪些工人分配到哪个赛汝中，这是一个复杂的决策问题。针对以减少工人数并同时提高生产效率为目标的流水生产线向赛汝系统转换问题，建立了工人数最少和完工时间最短的数学模型。从理论上分析了解空间和复杂度问题，并证明其是 NP 难问题。首先分析了减少工人数目标下流水生产线向赛汝生产转换的两个步骤：第一步是赛汝构造，决定形成多少个赛汝，哪些工人分配到哪个赛汝中；第二步是赛汝调度，决定批次分配到哪个赛汝中。然后分析了减少工人数的多目标流水生产线向赛汝转换的赛汝构造、赛汝调度及整体解空间和复杂度。为了降低计算的时间复杂度，提出了一种改进的精确算法来获得该多目标模型的 Pareto 最优解，该算法将多目标优化问题转化为单目标优化问题。通过多个数值实验和赛汝与流水生产线之间的性能比较证明了：可以实现减少工人数而不降低生产效率；多个赛汝构造都可以同时减少工人数和提高生产效率；实施流水生产线向赛汝转换有可能减少更多的工人。最后利用改进的精确算法对大量实例进行计算，分析了企业在何种场景下采用纯赛汝系统能有效地减少工人数。

文献[12]提出随着产品数量和产品类型需求的波动，工厂需要提出更加灵活高效的生产模式。动态的市场环境使工厂获得更多机会，也迫使工厂改革传统的制造系统。文献针对混合流水生产线式赛汝生产系统的最优运作问题，提出了赛汝系统构造优化的数学模型。为了确定应该建立的赛汝数量和各个赛汝中的工人数，构建数学模型时考虑建立时间和流动时间。首先详细分析了平行赛汝的完工时间和短流水生产线的完工时间。然后综合前面的数学模型，提出了将流水生产线转化为混合赛汝（赛汝系统和一条短流水生产线）的完工时间。具有客观性的综合数学模型最大限度地减少了重新配置的制造系统的完工时间。在工业中应用该数学模型，应该考虑三个基本和关键问题，包括工人分配、赛汝调度和调度规则。

文献[13]说明赛汝生产系统是一种新型的创新生产模式。有很多评价指标用来评价流水生产线向赛汝转化的性能，产品库存就是其中之一。文献概述了赛汝生产的基本情况，包括传统流水生产线生产的局限性和促进赛汝生产发展的主要因素：赛汝生产提高了生产灵活性，适应多品种、小批次的生产模式；在日益复杂的市场环境中，消除了流水生产线固有的废物和缺陷；提高了工人掌握多种技能的兴趣，而不是日复一日地重复操作相同的任务。提出了混合流水生产线式赛汝生产系统运作的最小产品库存的数学模型。在生产线转换过程中考虑的库存可以分为三类：成品库存、在制品库存、半成品库存。基于数学模型，进行了一些数值模拟实验的设计和执行以评估产品库存的系统性能，并进行了简单的分析，当批量大小逐渐减少时，赛汝系统可以改善产品库存。

5.3　赛汝生产系统构造的优化模型及算法

赛汝系统构造的优化是赛汝系统最优运作的最关键决策内容之一。不同赛汝生产系统或者相同赛汝生产系统不同性能指标下，赛汝系统构造的优化模型是不同的，相应的求解算法也不同。

当问题规模较大时，利用精确算法无法在有效时间内求得最优解，通常采用智能算法寻求满意解。在多目标优化算法方面，针对以最小化完工时间和总工作时间的纯赛汝系统构造优化的特点，文献[14]提出了在 NSGA-II 中结合邻域搜索的改进算法，使求解效果和效率获得了很大改善。文献首先证明了该模型是一个 NP 难问题及其 Pareto 前沿是非凸的。根据流水生产线向赛汝转换中赛汝构造和赛汝调度具有的特性，证明了完工时间和总工作时间与赛汝中的工人顺序无关；在 FCFS 调度规则下，完工时间和总工作时间与赛汝的顺序有关。然后，提出了一种在 NSGA-II 中结合邻域搜索的改进算法来获得更好的非支配解，根据流水生产线向赛汝转化的属性，修改了 NSGA-II 算法和邻域搜索的几个实现因子。最后，进行了实验以验证所提算法的效用和性能。

针对工人数最少和完工时间最短的纯赛汝系统构造优化的特点，文献[15]提出了基于 NSGA-II 算法求解大规模实例。文献中提到在电子制造业中，越来越多的企业采用了赛汝生产方式，即通过流水生产线向赛汝的转换来应对多批次、小批量的需求，以提高生产效率。赛汝生产方式具有多个赛汝，每个赛汝安排为数不多的几个工人，工人按照 U 形布局从头至尾不间断地加工一个产品。赛汝生产方式具有灵活、投资低、生产平衡好的特性，在面临多批次、小批量的需求时，相比流水生产线，能降低产品流通时间、安装时间、工人数、库存、生产费用和生产空间等。文献研究了在不增加完工时间的前提下，通过流水生产线向赛汝转化来减少工人数。建立了考虑减少工人数的流水生产线向赛汝转化的数学模型，证明了该问题是 NP 难问题。针对该多目标模型赛汝构造的特点，提出了基于 NSGA-II 的求解中大规模问题的算法。最后，通过实例验证了通过流水生产线向赛汝转化可以使企业在不增加产品流通时间的前提下减少工人的数量。

在单目标优化算法方面，求解多目标 Pareto 解集的非支配排序算法复杂度为 $O(M^2N)$，其中 M 为目标数，N 为可行解数，远高于单目标的复杂度，考虑把相对不重要的目标作为约束构建单目标模型以降低求解复杂度。例如，文献[16]提出了将总劳动时间作为约束条件而只考虑最小化完工时间的单目标模型，以降低求解复杂度。该单目标模型的复杂度虽然比多目标模型低，较易求解，但它仍然是 NP 难问题，因此本节提出了一个基于变邻域搜索的优化算法以求解其大规模问题。变邻域搜索算法的基本思想是构造多个邻域结构并在搜索过程中通过系统地改变邻域结构来寻找优化解。根据流水生产线向赛汝转化的特点，即在 FCFS 调度规则下完工时间只与赛汝构造有关，而赛汝构造又分为赛汝顺序和工人安排，提出两个邻域结构，即针对赛汝顺序的邻域结构和针对工人安排的邻域结构。最后，通过大量的计算实例验证了流水生产线向赛汝转化可以在不增加劳动时间的前提下有效地提高生产效率，并依据实验结果给出了如何进行赛汝构造以提高生产效率的建议：流水生产线向赛汝转化有时能够有效降低完工时间的同时，工人的总劳动时间没有增加；工人数越大，完工时间改进的空间越大；在赛汝构造阶段，应该将生产能力相似的工人安排在同一个赛汝中；为了降低完工时间，在赛汝构造阶段应该构造少数几个赛汝。

文献[17]通过结合两个常见的评估指标(完工时间和总工作时间)和四个约束条件(赛汝构造约束、赛汝调度约束、完工时间约束和总工作时间约束)，总结了现有的两个数学模型，并且在流水生产线向纯赛汝系统转换中构造了另外 5 个常用的数学模型，即最小完工时间模型、带有总工作时间约束的最小完工时间模型、最小总工作时间模型、带有完工时间约束的最小总工作时间模型、最小完工时间和最小总工作时间的双目标模型。研究了流水生产线向纯赛汝系统转化的解空间特征，随后详细分析了完工时间或者总工作时间与不同赛汝数量子空间之间的四个特点：最小完工时间存在于具有少数赛汝的子空间中；除了具有 1 个赛汝的子空间，具有较少赛汝的子空间的最小完工时间通常小于具有较多赛汝的子空间的最小完工时间；最小总工作时间通常存在于具有较多赛汝的子空间中；具有较多赛汝的子空间的最小总工作时间通常小于具有较少赛汝的子空间的最小总工作时间。根据解空间的不同特点，特别是完工时间(和总工作时间)与子空间之间的特点，提出了四种算法来分别求解四个单目标模型。最后，通过大量实验的测试，对算法的计算性能进行了评价。

5.4　赛汝生产系统最优调度及其算法

赛汝系统构造完成后，采用不同的调度规则会产生不同的结果，显著影响赛汝系统的性能，因此赛汝系统最优调度是赛汝系统最优运作的关键步骤。相对于赛汝系统构造优化，目前在赛汝系统最优调度方面的研究较少。Gong 等[13]证明了纯赛汝系统的批调度是 NP 难问题，鉴于此，当把赛汝系统构造优化和批次调度统一考虑时，赛汝生产最优运作将是一个包含两个 NP 难问题的非常复杂的决策问题。因此，在现有的研究中，通常给定特定的调度规则(如 FCFS 和 SPT)来研究赛汝系统的最优设计。

文献[18]指出，流水生产线向赛汝转化的复杂度和改进的性能随着赛汝调度规则而变化。首先，对流水生产线向赛汝转化问题的模型进行修改，为了简便且不失一般性，只考虑一个简单的情况，即传统的流水生产线被转换为一个纯赛汝系统。考虑了两个评价指标：产品完工时间和总工作时间。将赛汝构造的复杂度与赛汝调度的复杂度结合起来，详细阐述了两种典型调度规则(即 FCFS 和 SPT)下流水生产线向赛汝转化的组合复杂度，并说明了 FCFS 下的复杂度远高于 SPT 下的复杂度。然后，通过数值实验得出以下结论：考虑最小化完工时间或总工作时间时，FCFS 下的流水生产线向赛汝转化的性能改进并没有比 SPT 下的好得多。也就是说，在赛汝调度中使用 SPT 规则来减少流水生产线向赛汝转化的计算时间是合理的，可以使用流水生产线向赛汝转化来改进性能。当仅考虑降低完工时间性能时，总工作时间性能也可以得到很好的改善；当仅考虑提高总工作时间性能时，完工时间性能不能同时得到改善。

文献[19]说明通过将流水生产线转换为赛汝系统的方法，特别是在产品生命周期短、产品类型不确定、产量波动大的商业环境下，可以大大提高生产效率。文献先介绍了以最小化完工时间和总工作时间的双目标流水生产线向赛汝转化模型，然后研究了不同调度规则对流水生产线向赛汝转化的影响，调度规则分别为先到先服务、后到先服务、最短加工时间优先、最早完成时间优先、最早工期优先、改进最早工期优先、改进最短加工时间优先、改进最小最短加工时间优先、最长最短加工时间优先和改进最长最短加工时间优先。接下来，详细分析不同调度规则下的流水生产线向赛汝转化的复杂度，划分为赛汝构造的复杂度和不同调度规则下赛汝调度的复杂度两个部分。最后，将这十种调度规则按照是否受赛汝排序影响分成两类，即与赛汝序列无关的调度规则和与赛汝序列有关的调度规则，并阐述了这两类调度规则下赛汝生产可行解空间的复杂度。另外，流水生产线向赛汝转化经常用到多目标决策，为了获得多目标流水生产线向赛汝转化的 Pareto 最优解，开发了两种改进的基于时间复杂度和空间复杂度的精确算法，并通过实验测试了这两种精确算法带来的性能改进。与求解多目标问题的基于非支配排序的穷举算法相比，这两种精确算法提高了约 98%的计算时间。

文献[20]指出，与传统流水生产线相比，赛汝生产可以减少工人数和降低完工时间。然而，当两个目标同时考虑时，Pareto 最优解会减少工人数但会增加完工时间。因此，在不增加完工时间的情况下，构建了一个减少工人数但不增加完工时间的流水生产线转赛汝模型，并针对不同规模的实例开发了精确的和亚启发式算法。首先，分析模型的不同特征，包括不增加完工时间、减少工人数的流水生产线转赛汝问题的可行解空间、解空间的复杂度、解空间的特征、可行解的特征、NP 难问题性质和可行解的长度可变性。总结后得出可行解的特征为：减少工人数但不增加完工时间的流水生产线转赛汝问题是一个 NP 难问题；减少工人数但不增加完工时间的流水生产线转赛汝问题的解可能会远少于减少工人数的流水生产线转赛汝问题的解；最优解的数量可能大于 1；减少工人数但不增加完工时间的流水生产线转赛汝问题的可行解通常会有更多的工人留在赛汝系统中；减少工人数模型的解中工人数是可变的。接着，根据解空间的特性，提出了两个精确算法去解决中小规模的案例。根据解空间的变化长度，提出了一个用于解决大规模实例的可变长度编码启发式算法。最后，使用了大量的实验来评估所提出的算法的性能，并给出了一些管理建议，说明在流水生产线转赛汝模式中何时及如何减少工人而不增加完工时间。

参 考 文 献

[1] Liu C, Stecke K E, Lian J, et al. An implementation framework for Seru production[J]. International Transactions in Operational Research, 2014, 21(1): 1-19.

[2] Kaku I, Murase Y, Yin Y. A study on human tasks related performances of converting conveyor assembly line to cellular manufacturing[J]. European Journal of Industrial Engineering, 2008, 2(1): 17-34.

[3] Liu C G, Yang N, et al. Training and assignment of multi-skilled workers for implementing Seru production systems[J]. International Journal of Advanced Manufacturing Technology, 2013, 69(5-8): 937-959.

[4] Ying K C, Tsai Y J. Minimising total cost for training and assigning multiskilled workers in Seru production systems[J]. International Journal of Production Research, 2017, 55(10): 2978-2989.

[5] Yin Y, Stecke K E, Swink M, et al. Lessons from Seru production on manufacturing competitively in a high cost environment[J]. Journal of Operations Management, 2017, 49: 67-76.

[6] Stecke K E, Yin Y, Kaku I. Seru: The organizational extension of JIT for a super-talent factory[J]. International Journal of Strategic Decision Sciences, 2012, 3(1): 105-118.

[7] Johnson D J. Converting assembly lines to assembly cells at sheet metal products: Insights on performance improvements[J]. International Journal of Production Research, 2005, 43(7): 1483-1509.

[8] Yu Y, Gong J, Tang J F, et al. How to carry out assembly line-cell conversion? A discussion based on factor analysis of system performance improvements[J]. International Journal of Production Research, 2012, 50(18): 5259-5280.

[9] Yu Y, Sun W, Tang J F, et al. Line-hybrid Seru system conversion: Models, complexities, properties, solutions and insights[J]. Computers & Industrial Engineering, 2017, 103: 282-299.

[10] Yu Y, Tang J F, Gong J, et al. Mathematical analysis and solutions for multi-objective line-cell conversion problem[J]. European Journal of Operational Research, 2014, 236(2): 774-786.

[11] Yu Y, Tang J F, Sun W, et al. Reducing worker(s) by converting assembly line into a pure cell system[J]. International Journal of Production Economics, 2013, 145(2): 799-806.

[12] Liu C G, Stecke K E, Lian J, et al. Reconfiguration of assembly systems: From conveyor assembly line to Serus[J]. Journal of Manufacturing Systems. 2012, 31(3): 312-325.

[13] Gong J, Li Q, Tang J F. Improving performance of parts storage through line-cell conversion[C]//2009 Chinese Control and Decision Conference, Guilin, 2009: 3010-3014.

[14] Yu Y, Tang J F, Sun W, et al. Combining local search into non-dominated sorting for multi-objective line-cell conversion problem[J]. International Journal of Computer Integrated Manufacturing, 2013, 26(4): 316-326.

[15] 于洋, 唐加福, 宫俊. 通过生产线向单元转化而减人的多目标优化模型[J]. 东北大学学报 (自然科学版), 2013, 34(1): 17-20.

[16] 孙薇, 于洋, 唐加福, 等. 以提高生产率的流水生产线转单元的变邻域搜索[J]. 计算机集成制造系统, 2014, 20(12): 3040-3047.

[17] Sun W, Li Q, Huo C, et al. Formulations, features of solution space, and algorithms for line-pure Seru system conversion[J]. Mathematical Problems in Engineering, 2016, (1): 1-14.

[18] Yu Y, Tang J F, Yin Y, et al. Comparison of two typical scheduling rules of line-Seru conversion problem[J]. Asian Journal of Management Science and Applications, 2015, 2(2): 154-170.

[19] Yu Y, Wang S H, Tang J F, et al. Complexity of line-Seru conversion for different scheduling rules and two improved exact algorithms for the multi-objective optimization[J]. SpringerPlus, 2016, 5(1): 1-26.

[20] Yu Y, Sun W, Tang J F, et al. Line-Seru conversion towards reducing worker(s) without increasing makespan: models, exact and meta-heuristic solutions[J]. International Journal of Production Research, 2017, 55(10): 2990-3007.

第6章 完工时间和总劳动时间最小的纯赛汝系统设计优化

本章用一个多目标最优化模型来研究赛汝生产的两个关键性能：完工时间和总劳动时间，分析该双目标模型的数学特征，如解空间和非凸性质等。鉴于该模型的复杂性，开发了一个在合理时间内求解大规模问题的非支配排序遗传算法。将大量实例计算的结果与穷举获得的最优解进行对比，验证算法的有效性。

6.1 引　　言

当今的世界面临着动荡的市场环境，其特征如下：产品寿命周期短、产品类型不稳定和市场容量产生波动。在如此动荡的市场环境中[1]，赛汝生产被提出，赛汝生产是广泛应用在日本电子工业装配系统方面的创新方式。为了在动荡的市场中获得竞争地位，索尼于 1992 年拆除了一个长的装配流水生产线之后，在摄影机工厂中使用了一些微小型装配单元用来生产 8mm 的 CCD-TR55 摄影机，每一个微小型装配单元可以独立完成一个产品。关于赛汝系统的详细介绍和运作机制请参见文献[2]和[3]。赛汝和装配单元相似，后者是一个广泛应用在西方制造产业中的装配系统。然而，作为一个以人为中心的单元，赛汝系统的生产设备不太重要，赛汝中工人能独立完成一个产(成)品的全部或大部分装配工序。赛汝被认为是精益和敏捷生产模型的理想结合[4]，其有三种类型：分割式赛汝、巡回式赛汝和单人式赛汝[2, 5-11]，本章仅研究巡回式赛汝和单人式赛汝。

由一个或几个赛汝组成的赛汝系统，比流水生产线更加灵活、更具柔性。除此之外，赛汝系统比流水生产线有更好的平衡能力，因为在赛汝系统中，平衡能力可以由工人调整(如赛汝构造的调整)和批次调整(赛汝调度的调整)来提高[6]。为了应对动荡市场中的不稳定需求，一个全新的管理准则——准时制组织系统用于赛汝的管理应运而生，准时制组织系统不同于传统的众所周知的精益制造中的准时制物料系统。文献[2]和[3]把准时制组织系统和准时制物料系统定义如下：准时制物料系统可以在正确的地方，以合适的时间和精确的数量提供正确的物料；准时制组织系统可以在正确的地方，以合适的时间和精确的数量提供正确的赛汝。

准时制组织系统是从物料到组织的准时制物料系统的升级和扩张。由众多赛汝组成的一个赛汝生产系统可以在短时期内频繁地构建、修改、拆除和重建，这是实施准时制组织系统的前提。关于准时制组织系统的详细内容请参见文献[2]，索尼和佳能的准时制组织系统的应用实例请参见文献[3]。

为了能适应赛汝生产线的特殊布局，通常采取合适的方法来调整赛汝生产的场地空间，能从场地空间的调整中获得巨大的利润。例如，通过采用赛汝系统，佳能和索尼分别节省了 72 万和 71 万平方米的场地空间[2, 4]。赛汝系统的其他优势包括完工时间、总劳动时间、准备时间、需求工作时间、在制品库存和产成品库存的降低[2,12]。本章分析赛汝生产的两个关键性能——完工时间和总劳动时间，采用一个双目标最优化模型进行研究。

6.2　纯赛汝系统的完工时间和总劳动时间最小的数学模型

6.2.1　问题描述

文献[10]比较了三种装配系统类型：一个纯赛汝生产系统、一个完全流水生产线系统和由一个流水生产线和赛汝组成的混合系统。为了简单且不失一般性，本章研究的赛汝系统如图 6-1 所示，即一个纯赛汝生产系统，该赛汝生产系统由流水生产线转化而来。

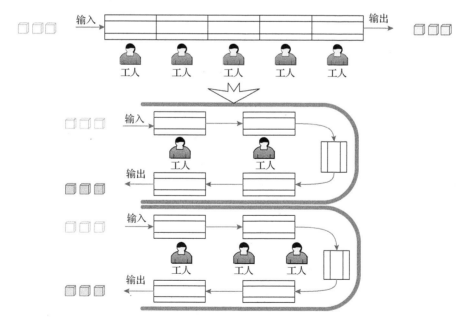

图 6-1　由流水生产线转换而来的纯赛汝系统

一个稳健的准时制组织系统是成功实施一个赛汝生产系统的关键。设计准时制组织系统的一个重要问题是分配批次到不同的赛汝中，将这个问题称为赛汝调度。文献[13]证明了即使一个简单的赛汝调度问题也是 NP 难问题。本章采用在多个公司中应用的先到先服务调度,将到达的批次安排在序号最小的空赛汝中。如果所有赛汝都没有空闲,那么接下来的批次被分配到最早完成的赛汝中。图 6-2 显示了在先到先服务调度下,6 个批次分配到 2 个赛汝中的赛汝调度实例,图中矩形图的长度是批次的流通时间。

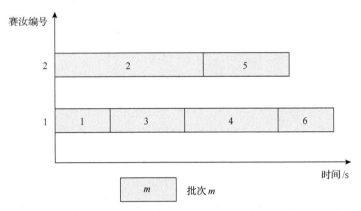

图 6-2　赛汝系统中先到先服务调度的实例[7]

用于评价赛汝系统的两个性能分别为完工时间和总劳动时间。因此,问题就转变为如何进行赛汝构造和赛汝调度来实现两个目标同时最小化,即同时最小化完工时间和总劳动时间。

6.2.2　假设

本章中构建纯赛汝系统的模型假设条件如下。

(1)产品类型和批次提前已知。有 N 个产品类型,M 个批次,每个批次只有一个产品类型。

(2)在赛汝生产中,忽略复制成本。一个赛汝中的多数装配工作都是手工完成的,因此需要简单且便宜的设备,而复制设备的成本很少[2, 4]。

(3)一个批次只能在一个赛汝中完成,不考虑拆分。

(4)每一个装配工作都是在同一个工序中完成。如果一个产品类型不需要某些工序,产品就会越过这个工序。

(5)每个赛汝中的装配工序与对应的流水生产线上的工序相同。本章中,工序数为 W。

(6)一个工人仅能完成流水生产线上的一道工序。相反,因为本章研究的是巡回式赛汝和单人式赛汝,所以每个工人执行赛汝中的所有工序来完成一个产品,且在相邻的工序间没有中断和推迟。

(7)在流水生产线上,每个工序(或工作台)由一个工人掌管。

(8)不同赛汝中的工人数可以不同,但是最多有 W 个人。

(9)当两个不同的产品类型连续装配时,要考虑准备时间;否则准备时间为 0。

6.2.3　符号

本章所使用的符号定义如下。

1)索引

i:工人的索引($i=1, 2, \cdots, W$,W 为工人总数);

j:赛汝序号的索引($j=1, 2, \cdots, J$);

n:产品型号的索引($n=1, 2, \cdots, N$);

m:批次的索引($m=1, 2, \cdots, M$);

k:批次在一个赛汝中加工顺序的索引($k=1, 2, \cdots, M$)。

2)参数

$$V_{mn} = \begin{cases} 1, & \text{批次 } m \text{ 的产品类型是 } n \\ 0, & \text{其他} \end{cases};$$

B_m:批次 m 的大小;

T_n:产品类型 n 在流水生产线的平衡时间;

SL_n:在流水生产线中加工产品类型 n 的准备时间;

SCP_n:在赛汝中加工产品类型 n 的准备时间;

η_i:工人 i 在赛汝中有效操作工序个数的上界,当工人在赛汝中操作工序的个数超过这个上界时,其工序加工时间将变长;

C_i:工人 i 在赛汝中操作多个工序的能力系数;

ε_i:多能工系数;

β_{ni}:工人 i 加工产品类型 n 的技术系数。

3)决策变量

$$X_{ij} = \begin{cases} 1, & \text{工人 } i \text{ 在赛汝 } j \text{ 中} \\ 0, & \text{其他} \end{cases};$$

$$Z_{mjk} = \begin{cases} 1, & \text{批次 } m \text{ 分配给赛汝 } j \text{ 的第 } k \text{ 位加工} \\ 0, & \text{其他} \end{cases}。$$

4)中间变量

SC_m:批次 m 在赛汝中的准备时间;

TC_m:批次 m 的一个产品在赛汝中每个工序的加工时间;

FC_m:批次 m 在赛汝中的流通时间;

FCB_m:批次 m 在赛汝中的开始时间。

6.2.4　模型构建

这里分析的是 M 个批次和 N 个产品类型的赛汝生产问题。有 W 个工人分配到赛汝中，批次遵循先到先服务的调度规则分配到赛汝中。

第一，交叉培训过程是一种 V 形学习曲线。换句话说，在赛汝生产的早期，对工序不熟悉的工人通常花费更多的时间[4]，因此假定工人的技术水平随着分配给他/她的工序数变化是合理的。本章中，假定当工人在赛汝中操作工序的个数超过这个上界，即 $W > \eta_i$ 时，其工序加工时间将变长。其公式为

$$C_i = \begin{cases} 1 + \varepsilon_i(W - \eta_i), & W > \eta_i; \forall i \\ 1, & W \leqslant \eta_i; \forall i \end{cases} \tag{6-1}$$

第二，产品加工时间随着工人技术水平变化。因此，对于一个赛汝，产品加工时间是由赛汝中工人的平均加工时间决定的。批次 m 的一个产品在赛汝中每个工序的加工时间表述为

$$TC_m = \frac{\sum_{n=1}^{N}\sum_{i=1}^{W}\sum_{j=1}^{J}\sum_{k=1}^{M} V_{mn}T_n\beta_{ni}C_iX_{ij}Z_{mjk}}{\sum_{i=1}^{W}\sum_{j=1}^{J}\sum_{k=1}^{M} X_{ij}Z_{mjk}} \tag{6-2}$$

第三，批次 m 在赛汝中的准备时间 SC_m、流通时间 FC_m 和开始时间 FCB_m 分别表示为

$$SC_m = \sum_{n=1}^{N} SCP_nV_{mn}\left(1 - \sum_{m'=1}^{M} V_{m'n}Z_{m'j(k-1)}\right), \quad (j,k)|Z_{mjk}; \forall j,k \tag{6-3}$$

$$FC_m = \frac{B_mTC_mW}{\sum_{i=1}^{W}\sum_{j=1}^{J}\sum_{k=1}^{M} X_{ij}Z_{mjk}} \tag{6-4}$$

$$FCB_m = \sum_{s=1}^{m-1}\sum_{j=1}^{J}\sum_{k=1}^{m} (FC_s + SC_s)Z_{mjk}Z_{sj(k-1)} \tag{6-5}$$

式 (6-3) 表述的是批次 m 在赛汝中的准备时间，准备时间考虑了当两个不同产品类型连续被加工的情况。式 (6-4) 表述了赛汝中批次 m 的流通时间。式 (6-5) 表述了每一个批次的开始时间，在两个批次间没有等待时间，因此批次的开始时

间是在同一赛汝中过去所有批次的准备时间和加工时间之和。

多目标数学模型描述为式(6-6)～式(6-12)。

目标函数为

$$\text{TTPT} = \min\left\{\max_{m}(\text{FCB}_m + \text{FC}_m + \text{SC}_m)\right\} \tag{6-6}$$

$$\text{TLH} = \min\sum_{m=1}^{M}\sum_{i=1}^{W}\left(\sum_{j=1}^{J}\sum_{k=1}^{M}\text{FC}_m X_{ij} Z_{mjk}\right) \tag{6-7}$$

限制条件为

$$1 \leqslant \sum_{i=1}^{W} X_{ij} \leqslant W, \quad \forall j \tag{6-8}$$

$$\sum_{j=1}^{W} X_{ij} = 1, \quad \forall x \tag{6-9}$$

$$\sum_{j=1}^{J}\sum_{k=1}^{M} Z_{mjk} = 1, \quad \forall m \tag{6-10}$$

$$\sum_{m=1}^{M}\sum_{k=1}^{M} Z_{mjk} = 0, \quad \forall j \left| \sum_{i=1}^{W} X_{ij} = 0 \right. \tag{6-11}$$

$$\sum_{j=1}^{J}\sum_{k=1}^{M} Z_{mjk} \leqslant \sum_{j'=1}^{J}\sum_{k'=1}^{M} Z_{(m-1)j'k'}, \quad m = 2,3,\cdots,M \tag{6-12}$$

式(6-6)表述了以所有批次的完工时间最小为目标，TTPT 指的是最后一个完成的批次的结束时间。式(6-7)表述了以所有工人的总劳动时间最小为目标，TLH 指的是赛汝中所有工人的劳动时间之和。式(6-8)表述了一个赛汝中工人数不能超过总工人数的限制。式(6-9)表述了工人分配调度，即一个工人只能分配到一个赛汝中。式(6-10)表述了批次的分配调度，即每一个批次应该被分配到一个赛汝中。式(6-11)明确了一个批次不能分配到空赛汝中。式(6-12)意味着批次是连续分配的。

6.3　模　型　分　析

容易看出，上述模型不是线性的，为了求解该模型，需要阐明其特征。

6.3.1 模型特征

性质 6.1　赛汝系统中的工人分配是一个分配问题。

解释　让 $C_j=\{1, 2, \cdots, n\}$ 代表赛汝 j 中分配的 n 个人员，$X_{ij}=1$，$\forall i\,(i \in C_j)$ 与 n 个工人排序无关。例如，赛汝 j 中的 2 个工人标注为 1 和 2，工人为无序（即 $\{1,2\}$ 和 $\{2,1\}$ 等价），X_{1j} 和 X_{2j} 总是 1。因此，根据式 (6-3)～式 (6-5)，如果其他条件保持不变，那么 SC_m、FC_m 和 FCB_m 不受赛汝中工人排序的影响。同样，在式 (6-6) 和式 (6-7) 中，完工时间和总劳动时间也不受赛汝中工人排序的影响。给定工人和赛汝排序，任何赛汝中的工人排序都不会影响赛汝系统的这两个性能。

性质 6.2　给定 W 个工人，一个赛汝的可行构造由集合 $\{1, 2, \cdots, W\}$ 的非空子集表示。

解释　$X=\{1, 2, \cdots, W\}$ 代表工人集合。C_j 代表一个赛汝的任意可行构造，C_j 是非空的，即 C_j 至少包括一个工人［见式 (6-8)］，因此 $C_j=\{i|i \in X\}$。除此之外，C_j 不受赛汝中工人排序的影响（见性质 6.1），因此 C_j 是集合 X 的一个非空子集。C_j 是一个赛汝的任意可行构造，这意味着赛汝的可行构造由集合 $\{1, 2, \cdots, W\}$ 的非空子集表示。

例如，有 2 个工人，一个赛汝的所有 3 种可行构造为 $\{1\}$（这意味着工人 1 分配到一个赛汝中）、$\{2\}$ 和 $\{1,2\}$。很明显，它们是集合 $\{1,2\}$ 的非空子集。

定理 6.1　赛汝生产运作问题是一个 NP 难问题。

证明　赛汝生产运作包括赛汝构造和赛汝调度。赛汝构造是把 W 个工人分到两两不相交的非空赛汝中，赛汝构造是一个集合覆盖问题，它是 Karp 的 21 个 NP 完全问题之一[14]。

在数学中，给定集合 X 的非空子集 S，X 的覆盖是 S 的 S^* 子集，满足以下两个条件：①在 S^* 中的集合是两两不相交的；②在 S^* 中的集合的合集覆盖 X。

假设 X 代表所有工人的集合，因此 X 的基数 $|X|=W$（即工人数）；P 代表赛汝的任意构造，因此 P 是一个元素为非空赛汝的集合。既然非空赛汝表达成集合 X 的非空子集（见性质 6.2），那么 P 可以表示为 $P=\{x|x \subseteq X\}$。P 的基数，即 $|P|=1, 2, \cdots,$ W（即赛汝数）有两种情况。

情况 1：$|P|=1$。这个实例意味着所有的工人被分配到同一赛汝中，即 $P=X$。用数学语言描述，集合 X 是完全覆盖自身。

情况 2：$2 \leqslant |P| \leqslant W$。假定 $A \in P$、$B \in P$ 和 $A \neq B$，那么 $A \cap B=\varnothing$（因为赛汝中是成对互斥的）。假设 y 代表任意一个工人，即 $y \in X$，因为所有工人都分配到赛汝中，所以可以发现这个赛汝 $C \in P$ 且 $y \in C$。因为 y 是任意一个工人，所以很明显可得出 $\cup P=\{y| \exists C(C \in P \wedge y \in C)\}=X$，这意味着 $\cup P$ 覆盖所有的 X。A 和 B 都是 P 中的任意赛汝，它们是两两不相交且非空的，$\cup P$ 覆盖所有的 X，可得出 P

是 X 的一个覆盖。

由情况 1 和情况 2 可得出，P 是 X 的覆盖。因为 P 是赛汝构造的一个任意解，所以这意味着赛汝构造是一个集合覆盖问题，是 NP 完全问题[14]。

Yin 等[4]已证实，即使一个简单的赛汝调度(他们使用另外一个术语"准时制组织系统")也是 NP 难问题。因此，可得出包含赛汝构造和赛汝调度的赛汝生产运作是一个 NP 难问题。

这里详细说明赛汝构造案例中的工人分配结果。3 个工人标注为 1、2 和 3，所有的非空赛汝如下所示：{1}、{2}、{3}、{1,2}、{1,3}、{2,3}和{1,2,3}。赛汝构造的所有可行解如下所示：{{1},{2},{3}}(意味着 3 个赛汝被构建，工人 1 在赛汝 1 中，工人 2 在赛汝 2 中，以此类推)、{{1,2},{3}}、{{1,3},{2}}、{{2,3},{1}}和{1,2,3}。很明显，这是集合{1,2,3}的完全包含。

6.3.2　解空间及复杂度

定理 6.2　在赛汝调度中使用先到先服务调度规则，赛汝排序是一个排列问题。

证明　$\{C_1, C_2, \cdots, C_J\}$ 为被构建赛汝的序列。如果赛汝没有批次被分配，那么到达的批次被分配到序号最小的空赛汝中。当所有的赛汝已经占用时，批次就分配到最早完工的赛汝中，见表 6-2。按照批次顺序和先到先服务的调度，J 个赛汝的顺序变化将产生不同的 Z_{mjk}，进而影响准备时间、流通时间和开始时间，完工时间和总劳动时间和已形成的赛汝排序相关[见式(6-3)~式(6-5)]。因此，给定批次序列，改变赛汝的序列影响着赛汝生产的完工时间和总劳动时间。

例如，3 个工人标注为 1、2、3，{{1,2},{3}}是赛汝构造的一个解，使用先到先服务调度规则时，与解{{3},{1,2}}是不相等的。

定理 6.3　在赛汝调度中使用最短加工时间调度规则，赛汝排序是一个组合问题。

证明　$\{C_1, C_2, \cdots, C_J\}$ 为被构建赛汝的序列。考虑到批次顺序和最短加工时间调度，批次将按照最短加工时间调度规则分配到最短加工时间的赛汝中，Z_{mjk} 与已形成的赛汝顺序是不相关的。因此，准备时间、流通时间和开始时间，以及完工时间和总劳动时间与已形成的赛汝顺序是不相关的。

例如，3 个工人标注为 1、2 和 3，{{1,2},{3}}是赛汝构造的一个解，使用最短加工时间调度规则时，与解{{1,2},{3}}是相等的。

定理 6.4　使用先到先服务调度规则，W 个工人的赛汝生产运作是 W 个元素的有序集合划分问题。

证明　在数学中，集合 X 的划分是把 X 划分为两两不相交并且合集是 X 的非空集合[15]。定理 6.1 表述了赛汝构造问题的任意解(P)是 W 个工人的 X 集合的划分，因为在 P 中的赛汝是成对互斥的，且 $\cup P = X$。

在有序集合划分中，解与元素在子集中的顺序无关，但与子集的顺序相关。按照给定的工人数和先到先服务调度规则，赛汝生产运作的解与赛汝中工人顺序无关(即由性质 6.1 证明)，但却与赛汝排序相关(即由定理 6.2 证明)。

这里给出先到先服务调度规则下赛汝生产运作的详细结果。3 个工人标注为 1、2 和 3，使用先到先服务调度规则的 13 个解如下：{1,2,3}、{{1,2},{3}}(这意味着 2 个赛汝中工人 1 和 2 在赛汝 1 中，工人 3 在赛汝 3 中)、{{3},{1,2}}、{{1,3},{2}}、{{2},{1,3}}、{{2,3},{1}}、{{1},{2,3}}、{{1},{2},{3}}、{{1},{3},{2}}、{{2},{1},{3}}、{{2},{3},{1}}、{{3},{1},{2}}和 {{3},{2},{1}}，这明显和集合{1, 2, 3}的有序集合划分相同。

使用先到先服务调度规则的赛汝生产运作的解空间复杂度由有序集合划分解的数量表示，也叫做有序 Bell 数[16]，表示为

$$F(W) = \sum_{k=1}^{W} F(W,k)k! \tag{6-13}$$

式中，$F(W, k)$ 为 W 个工人分配到 k 个赛汝的解的个数，等于第二类斯特林数，即 $S(n, k)$[17]；$F(W)$ 为使用先到先服务调度规则时有 W 个工人的赛汝生产运作的解的个数，$F(1) \sim F(10)$ 分别为 1、3、13、75、541、4683、47293、545835、7087261 和 102247563。

定理 6.5 使用最短加工时间调度规则，W 个工人的赛汝生产运作是 W 个元素的无序集合划分问题。

证明 在无序集合划分中，解和子集中元素的序列和子集的序列是无关的。给定 W 个工人和最短加工时间调度规则，赛汝生产运作的解与赛汝中工人的序列(即性质 6.1)和赛汝序列(定理 6.3)是不相关的。

这里给出使用最短加工时间调度规则的赛汝生产运作的详细结果。给定 3 个工人，标注为 1、2 和 3，使用最短加工时间调度规则的 5 个解如下：{{1, 2, 3}}、{{1, 2},{3}}(这意味着工人 1 和 2 在赛汝 1 中，工人 3 在赛汝 2 中)、{{1, 3}, {2}}、{{2, 3},{1}}和{{1},{2},{3}}，这明显和集合{1, 2, 3}的无序集合划分相同。

使用最短加工时间的赛汝生产系统设计优化的复杂度由无序集合划分的解的数量表示，也叫做无序 Bell 数[18, 20]，表示为

$$S(W + 1) = \sum_{k=0}^{W} \binom{W}{k} S(k) \tag{6-14}$$

式中，$S(W)$ 为使用最短加工时间调度规则时有 W 个工人的赛汝生产系统设计优化的解的个数。$S(1) \sim (10)$ 分别为 1、2、5、15、52、203、877、4140、21147 和 115975。

式(6-13)和式(6-14)陈述了可行解的数量与工人数呈指数增长。对于大规模问题，没有有效的方法来求解这个问题的最优解，除非 P=NP。本章开发了一个智能算法来求解这个问题，这里仅考虑先到先服务调度规则的赛汝生产，使用最短加工时间调度规则的赛汝生产的相关研究在文献[21]中讨论。

6.3.3　Pareto 最优解

要想获得令人满意的最优解，不仅完工时间要最小化，而且总劳动时间也要最小化，但是实现这两个目标却不容易。一般来说，如果一种方法可以得出 Pareto 最优解和非支配解，那么可以用来制定出合适的赛汝生产计划。例如，5 个工人标注为 1、2、3、4 和 5，这个问题的两个解是 $S_1=\{\{3\},\{2\},\{1,5\},\{4\}\}$（即工人 3 在赛汝 1 中，工人 2 在赛汝 2 中，以此类推）和 $S_2=\{\{2\},\{3\},\{1,5\},\{4\}\}$。根据实例数据和式(6-6)，这两个解的完工时间是相同的，都是 2981.485s。然而，从式(6-7)中得出 S_1 和 S_2 的总劳动时间分别是 14509.89s 和 14555.07s，因此 S_1 支配 S_2。同样，考虑其他两个解 $S_3=\{\{1,5\},\{2\},\{3\},\{4\}\}$ 和 $S_4=\{\{2\},\{3\},\{1,5\},\{4\}\}$，这两个解的完工时间相同，为 2986.188s。然而，S_3 和 S_4 的总劳动时间分别是 14509.845s 和 14554.665s，因此 S_3 支配 S_4。S_1 的完工时间小于 S_3，但是 S_1 的总劳动时间大于 S_3，S_3 和 S_1 是非支配解。所有非支配解构成了非支配或 Pareto 前沿，非支配或 Pareto 前沿提供了实现完工时间和总劳动时间最小化的最优方案集合。图 6-3 描述了由穷举算法得出的上面实例的非支配解。

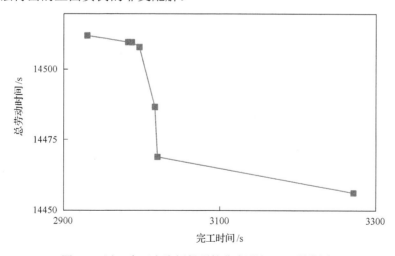

图 6-3　以 5 个工人为例得到的非支配(Pareto 最优)解

上述实例对应的流水生产线，其完工时间和总劳动时间分别为 3312.634s 和 16255.17s。在图 6-3 中，对于完工时间最小的非支配解，其完工时间为 2929.76s，比流水生产线减少了 11.56%；总劳动时间为 14512.23s，比流水生产线减少了 10.71%。

对于总劳动时间最小的非支配解，总劳动时间为 14456.43s，比流水生产线减少了 11.67%；完工时间为 3270.56s，比流水生产线减少了 1.27%。因此，赛汝生产可以用于同时减少完工时间和总劳动时间。

定理 6.6　在先到先服务调度规则下赛汝生产的非支配解是非凸的。

证明　从图 6-3 的非支配解曲线图中，很容易证明多目标赛汝生产的 Pareto 最优解是非凸的。把非支配解的两个点看成 x_1 和 x_2（如图 6-3 中最左边和最右边两个点），存在参数 λ（$0 < \lambda < 1$），使得 $\lambda x_1 + (1-\lambda) x_2$ 不属于非支配解，因此证明了非支配解是非凸的。

解决多目标问题的一个方法是利用加权把多目标问题转换成一个单目标问题。然而，这种方法有一个缺点，某个最优化解可能会丢失，因为它们没有被发现，尤其是当非支配前沿是非凸时[22]。因此，这样的方法不适合求解赛汝生产的非凸的非支配最优解。相反，多目标进化算法广泛应用是因为它能找到 Pareto 最优解[23]。

6.3.4　多目标进化算法

在前人开创性研究[24,25]的基础上，大量的多目标进化算法已经发展起来。既然多目标最优化问题产生一个 Pareto 最优解集，那么进化算法对于解决多目标最优化问题是理想的[26, 27]。人们提出一些进化算法用于解决多目标最优化问题，如非支配排序遗传算法[23, 28]、强化 Pareto 进化算法[29]、Pareto 归档进化策略[30]、多目标差分进化[31, 32]等。除此之外，混合最优算法也被有效地应用于解决多目标问题，如多目标柔性作业分配流程问题[33]和复合式装配生产线的平衡控制问题[34]。

著名的非支配排序遗传算法[23, 35]被广泛应用于多目标优化中，与其他多目标遗传算法相比，非支配排序遗传算法提供了较好的结果[36]，本章使用该方法求解多目标赛汝生产的最优解。关于非支配排序遗传算法的简要说明如下[37]。

首先，一个规模为 n 的父代种群 P_0 由标准遗传算法随机产生，n 是种群大小。在这个种群中所有个体基于前沿等级来排序，其中前沿等级是非支配的级别。第一级是当前的完全非支配集，第二级仅由第一级中的个体支配。每个个体被赋予一个等级值，第一级的个体等级值为 1，第二级的个体等级值为 2，以此类推。另外，还需计算每个个体的拥挤距离。拥挤距离是衡量个人与相邻个体距离的标准，一个长的平均拥挤距离意味着种群的多样性更好。拥挤距离定义为[23, 37]

$$C_j = \sum_{i=1}^{\text{Nobj}} \frac{F_i^{j+1} - F_i^{j-1}}{(F_i^j)_{\max} - (F_i^j)_{\min}} \tag{6-15}$$

式中，Nobj 为目标数；F_i^j 为非支配解中第 j 个个体的第 i 个目标函数值；$(F_i^j)_{\max}$

为第 i 个目标的最大值；$(F_i^j)_{min}$ 为第 i 个目标的最小值。

设有两个目标 F_1 和 F_2，第 j 个解的拥挤距离是图 6-4 中 u 和 v 正相关[23, 37]。对于边界点，拥挤距离设定为最大值，以确保这些点可以保留在下一代种群中。

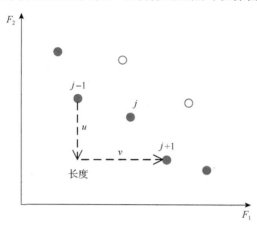

图 6-4   拥挤距离计算

实心圆标记的点是非支配最优解

父代种群 P_0 排序后，基于前沿等级和拥挤距离，利用竞标赛从种群中选择父代。规模为 n 的子代种群 Q_0 由交叉和变异操作产生，后续章节将详细讨论。P_0 和 Q_0 组合成规模为 $2n$ 的种群 C_0。种群 C_0 再次排序，选择其中 n 个最好的个体形成种群 P_1。程序继续执行，直到迭代到 N（终止条件）。原始 NSGA-II 算法的步骤描述如下[37]：

(1) 初始化规模为 n 的 P_0，基于非支配算法对 P_0 排序。

(2) 通过传统的遗传算法产生规模为 n 的 Q_0。

(3) 把 Q_0 和 P_0 组合形成规模为 $2n$ 的 C_0，基于非支配算法对 C_0 进行排序。

(4) 通过 C_0 生成种群规模为 n 的 P_1。

(5) 重复步骤(2)～(4)，直到满足终止条件。

(6) 输出非支配最优解。

文献[28]已证实了 NSGA-II 算法能够比其他多目标进化算法得到更好的解决方案并具有更好的收敛性，因此本章提出基于 NSGA-II 的算法来解决多目标赛汝生产最优化问题。

6.4   基于 NSGA-II 的算法

本章修改了原始 NSGA-II 算法来解决多目标赛汝生产最优化问题，使用文献[38]提出的二进制锦标赛选择方法——染色体编码、交叉操作和变异操作、父代种群和子代种群的组合等，根据问题进行设置。

1. 染色体编码

n 个工人的染色体由 $2n–1$ 个元素的序列表示。当元素值不超过 n 时，一个基因表示工人编号；否则，这个元素表示分隔符。假定序列中的开始和结尾有两个特定的分隔符，如果至少 1 个工人在两个分隔符中，那么一个赛汝就被构建。下面给出一个例子，考虑 5 个工人的两种顺序。

染色体1：1　7　5　8　3　9　2　6　4

染色体2：8　1　7　5　3　9　6　2　4

在染色体 1 中，7、8、9 和 6 是分隔符，因此 5 个赛汝被构建，即工人 1 在赛汝 1 中，工人 5 在赛汝 2 中，工人 3 在赛汝 3 中，工人 2 在赛汝 4 中，工人 4 在赛汝 5 中。在染色体 2 中，8、7、9 和 6 是分隔符，因此 3 个赛汝被构建，即工人 1 在赛汝 1 中，工人 5 和 3 在赛汝 2 中，工人 2 和 4 在赛汝 3 中。

2. 解的评价

双目标赛汝生产的解 S_i 是由完工时间基于式(6-6)和总劳动时间基于式(6-7)的目标值计算得出的，S_i 的适应值是由 NSGA-II 算法的非支配等级和拥挤距离得出的。

3. 选择算子

排序是基于非支配等级和拥挤距离的，个体是通过使用二进制锦标赛方式选择的。两个解是从种群中挑选出来的，比较之后，最好的解被选择。如果个体的等级小于其他个体或者它的拥挤距离比同一等级的其他个体强，那么它就会被选择[39]。

4. 交叉算子

序列编码有几个可用的染色体交叉方法，如部分映射交叉[40]、循环交叉[41]和直接后续关系交叉[42]。本章使用文献[43]提出的顺序进行交叉操作，由两个随机交叉的点来实施。子代继承两个交叉点之间的父代基因。

下面给出一个例子，考虑两个父代染色体：

父代1：(1　7　5|8　3　9　2|6　4)

父代2：(8　1　7|5　3　9　6|2　4)

复制选择出来的部分作为子代的继承部分：

子代1：(x　x　x|8　3　9　2|x　x)

子代2：(x　x　x|5　3　9　6|x　x)

保留下来的元素是从另一个父代中同样位置的基因继承的，从第一个位置开始，在第二个交叉点之后跳过所有已经存在于后代中的基因。

父代 1′：(6　4　1　7　5　8　3　9　2)

父代 2′：(2　4　8　1　7　5　3　9　6)

再次移动父代 1′中的 5、3、9 和 6，得到剩余部分：4　1　7　8　2，放入子代 2′中。再次移动父代 2′中的 8、3、9 和 2，得到剩余部分：4　1　7　5　6，放到子代 1′中。

5. 变异

为了保护种群的多样性，需要变异才能与父代不同。本章中，变异是两个不相同基因的交换。

变异前：1　<u>7</u>　5　8　3　9　<u>2</u>　6　4

两个有下划线的基因是随机选出来进行交换的。

突变后：1　<u>2</u>　5　8　3　9　<u>7</u>　6　4

6. 父代和子代的组合

父代和子代组合的目的是有效地找出 Pareto 最优解并保持种群多样性。Q_i 和 P_i 组合成规模为 $2n$ 的一个种群 C_i。因为 Q_i 是 P_i 产生的，有很多相同解，所以 C_i 就有很多相同解。为了保持多样性，Q_i 中不同于 P_i 的个体被加入新种群 C_i 中。

6.5　计 算 实 验

1. 测试实例

实验数据见表 6-1～表 6-5。

表 6-1　完工时间和总劳动时间最小的赛汝生产的参数值

参数	数值
产品类型	5
批次大小	$N(50,5)$
ε_i	$N(0.2,0.05)$
SL_n	2.2
SC_n	1.0
T_n	1.8
η_i	10

赛汝生产系统的设计优化

表 6-2　影响工人完成多道装配工序的系数

工人	1	2	3	4	5	6	7	8	9	10
ε_i	0.18	0.19	0.2	0.21	0.2	0.2	0.2	0.22	0.19	0.19
工人	11	12	13	14	15	16	17	18	19	20
ε_i	0.18	0.23	0.24	0.22	0.16	0.24	0.18	0.18	0.21	0.18

表 6-3　每种产品类型的工人技能水平数据分布

产品类型	1	2	3	4	5
分类函数	$N(1,0.05)$	$N(1.05,0.05)$	$N(1.1,0.05)$	$N(1.15,0.05)$	$N(1.2,0.05)$

表 6-4　工人技能水平 β_{ni}

工人	产品类型				
	1	2	3	4	5
1	0.92	0.96	1.04	1.09	1.2
2	0.95	0.97	1.09	1.12	1.18
3	0.99	1.01	1.05	1.09	1.21
4	1.03	1.07	1.09	1.12	1.25
5	0.96	1.02	1.05	1.1	1.18
6	1.01	1.1	1.1	1.15	1.23
7	1.04	1.07	1.09	1.17	1.24
8	0.98	1.02	1.1	1.11	1.2
9	0.97	1.03	1.12	1.19	1.26
10	0.98	1.06	1.13	1.18	1.28
11	0.95	1.04	1.03	1.14	1.19
12	0.98	1.07	1.07	1.15	1.15
13	0.99	0.95	1.11	1.17	1.1
14	1.01	1.1	1.05	1.13	1.18
15	1.04	1.1	1.05	1.15	1.11
16	0.99	0.97	1.08	1.11	1.22
17	1.04	1.01	1.11	1.15	1.24
18	0.93	1.06	1.07	1.13	1.14
19	0.96	0.98	1.12	1.14	1.21
20	1.08	1.04	1.09	1.11	1.13

表 6-5　30 个批次的数据

批次编号	产品类型	批次大小（B_m）
1	3	55
2	5	53
3	3	54
4	4	49
5	1	49
6	4	55
7	1	54
8	2	48
9	2	48
10	3	48
11	2	46
12	4	58
13	3	48
14	4	52
15	5	48
16	5	51
17	1	54
18	4	57
19	2	54
20	5	49
21	1	53
22	3	46
23	4	45
24	5	46
25	2	45
26	3	44
27	1	53
28	4	47
29	2	53
30	3	52

　　对于有 W 个工人的实例，使用表 6-1 全部数据、表 6-2 和表 6-4 的前 W 行数据及表 6-5 的全部数据。

2. 参数设置

本章中，交叉概率和变异概率分别设为 0.5 和 0.9。

3. 软件和硬件规格说明

使用 C#开发基于 NSGA-II 的算法和穷举算法。操作系统为 Windows XP，硬件为内存 992MB、3.0G 的英特尔酷睿 TM 2 处理器。

4. 小规模实例的结果

图 6-5 显示了 5 个工人的实例，通过穷举算法计算获得 541 个解，非支配解为 7 个。解{{3,4},{5},{1,2}}有最小总劳动时间，解{{1,2},{3,4,5}}有最小完工时间。图 6-6 描述的是通过穷举算法获得的 6 个工人的 4683 个解，9 个非支配解。

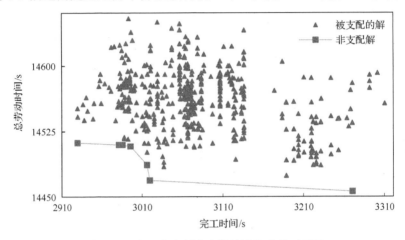

图 6-5　5 个工人实例中穷举算法生成的可行解

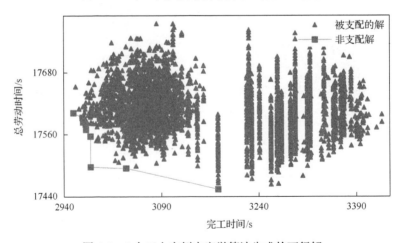

图 6-6　6 个工人实例中穷举算法生成的可行解

图 6-7 显示了 6 个工人的实例中基于 NSGA-II 算法的初始解和最终解及非支

配解。获得的非支配解与穷举算法计算结果是相同的。

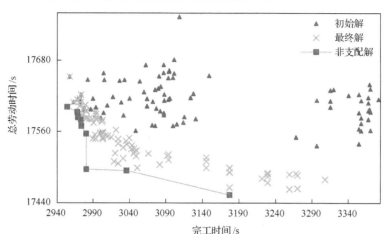

图 6-7 6 个工人实例中基于 NSGA-II 算法的初始解和最终解及非支配解

5. 基于 NSGA-II 的算法与穷举算法的比较

这里给出了一个详细的比较。非支配排序计算的复杂度为 $O(MN^2)$，M 是目标个数，N 是可行解个数。通过式 (6-13)，可以得到在先到先服务调度下的 7 个工人的实例中，所有可行解为 47293 个，非支配排序计算的复杂度的解为 4473255698 个。因此，当工人数大于 6 时，很难得到精确的非支配解。为了测试基于 NSGA-II 算法的性能，这里求解 5 个和 6 个工人的实例，并与穷举算法的结果进行比较。

文献[44]讨论了一些测量方式，并提出了估算非支配解或 Pareto 最优解集合 A 的近似值的通用框架。非支配个体比率[45]被定义为在近似集合中有效解的个数占 R 中解个数的比例。注意，这个比例可以是 0，但 A 可能是最优解集合的近似值。除此之外，衡量点 A 和 B 之间的平均距离和最大距离表示为[46, 47]

$$D_{av} = \frac{1}{|R|} \sum_{z \in R} \min d_{z' \in ND}(z', z) \tag{6-16}$$

$$D_{max} = \max_{z \in k} \left\{ \min d_{z' \in ND}(z', z) \right\} \tag{6-17}$$

式中，ND 指的是由算法生成的非支配集合，d 定义为

$$d(z', z) = \max_{j=1,2,\cdots,r} \left\{ \frac{1}{\Delta_j}(z'_j - z_j) \right\}, \quad z' = (z'_1, z'_2, \cdots, z'_r) \in ND; \ z = (z_1, z_2, \cdots, z_r) \in R \tag{6-18}$$

式中，$\varDelta_j$ 为目标 F_j 的范围。

注意：D_{av} 是从 $z \in R$ 的一个解到它的相邻解的平均距离，而 D_{max} 是从 $z \in R$ 的一个解到 ND 中其他解的最小距离的最大值[48]。

针对 5 个和 6 个工人的实例，重复运行 100 次基于 NSGA-II 的算法，结果如表 6-6 和表 6-7 所示。

表 6-6　5 个工人实例的算法性能（非支配解的数量为 7）

N	n	Ac Rate/%	Av RNI	Min RNI	Av D_{av}	Av D_{max}	Av Time/s
	50	12	0.74	0.29	0.039	0.22	0.17
6	65	25	0.82	0.29	0.022	0.13	0.19
	80	48	0.89	0.43	0.013	0.087	0.20
	50	54	0.92	0.57	0.006	0.039	0.21
20	65	73	0.85	0.71	0.001	0.01	0.27
	80	89	0.98	0.86	0.0002	0.002	0.39
	50	72	0.95	0.71	0.0007	0.004	0.43
40	65	85	0.98	0.86	0.0003	0.002	0.45
	80	100	1	1	0	0	0.48

注：N 为非支配前沿不变的次数；n 为算法的种群大小；Ac Rate 为运行 100 次算法产生的非支配解的准确率；RNI 表示非支配解的比例；Av 和 Min 分别表示平均和最小；Av Time 表示平均时间。

表 6-7　6 个工人实例的算法性能（非支配解的数量为 9）

N	n	Ac Rate/%	Av RNI	Min RNI	Av D_{av}	Av D_{max}	Av Time/s
	80	26	0.89	0.67	0.013	0.098	1.05
40	90	46	0.93	0.78	0.007	0.062	1.76
	100	47	0.93	0.78	0.007	0.061	1.92
	80	44	0.93	0.78	0.007	0.063	2.43
60	90	51	0.93	0.78	0.006	0.053	2.56
	100	53	0.95	0.78	0.006	0.050	2.64
	80	61	0.96	0.78	0.005	0.043	2.49
80	90	71	0.97	0.89	0.003	0.031	2.95
	100	73	0.97	0.89	0.003	0.029	3.12

表 6-6 显示了在运行 100 次算法后求得的 5 个工人实例的结果。Ac Rate 越大，平均 RNI 和最小 RNI 越好，算法产生的非支配解越多；平均 D_{av} 和平均 D_{max} 越小，算法得出的解越接近真正的非支配解。例如，如果 Ac Rate 等于 100%，同时最小 RNI、平均 RNI、平均 D_{av} 和平均 D_{max} 分别为 1、1、0 和 0，那么意味着在 100

次算法中生成的每个非支配解和穷举算法生成的结果相同。从表 6-6 中可以得出，提高 N 或 n 可能会获得更好的解。

表 6-7 阐述了 6 个工人实例的算法性能。从表 6-7 中可观察到，提高 N 比提高 n 更有效。此外，表 6-7 中的结果显示了算法的可靠性。

根据定理 6.6 和式(6-13)可以推断出，一个相对大的 W 将会有更多可行解。从表 6-6 和表 6-7 中也可以观察到，W 的增加会降低算法的性能。

6. 大规模实例的结果

运行基于 NSGA-II 的算法来求解 10 个、15 个和 20 个工人的大规模实例，它们的可行解分别为 1.02×10^8、2.3×10^{14} 和 2.68×10^{21}。

由于精确的非支配解是未知的，因此它们的性能是参考集合 R 估计出来的，参考集合 R 由每种情况运行 100 次算法后产生的非支配解组成。10 个、15 个和 20 个工人实例的算法性能如表 6-8 所示。表中，最大的 RNI 小于 1，代表并不是算法产生的每个非支配解都等于集合 R；平均 RNI 小于且接近 0，代表算法产生很少的有效解；平均 D_{av} 和平均 D_{max} 表达了由算法产生的非支配解并不接近集合 R。然而，运行更多次(T)算法来使所有的非支配解组合可能会产生更优的非支配解集。

表 6-8　10 个、15 个、20 个工人实例的算法性能

W	$|R|$	Av RNI	Max RNI	Av D_{av}	Av D_{max}	Av Time/s
10	17	0.24	0.41	0.096	0.378	9.73
15	19	0.08	0.16	0.116	0.38	15.9
20	33	0.01	0.06	0.183	0.31	22.9

在 $N(100)$ 和 $n(100)$ 的情况下运行算法 10 次来估计 10 个、15 个和 20 个工人实例的算法性能，结果如表 6-9 所示。表 6-9 中平均 RNI 和最大 RNI 高于表 6-8 中的值，但平均 D_{av} 和平均 D_{max} 接近 0 且小于表 6-8 中的值。这意味着在运行 10 次算法时，计算产生的非支配解接近参考值 R，且可获得一个更优的非支配解。除此之外，计算次数非指数上升。

表 6-9　在 $N(100)$、$n(100)$ 下，10 个、15 个、20 个工人实例的算法性能

W	$|R|$	Av RNI	Max RNI	Av D_{av}	Av D_{max}	Av Time/s
10	16	0.85	0.938	0.013	0.10	98
15	20	0.28	0.35	0.026	0.11	160
20	34	0.28	0.41	0.034	0.15	240

6.6　本　章　小　结

本章研究了一个赛汝系统可以提高两个性能——完工时间和总劳动时间的原因。首先，阐明了解空间和赛汝生产的复杂度。在这个研究中获得的结果对更复杂系统仍是正确的。然后，证明了赛汝生产是一个 NP 难问题，多目标赛汝生产的非支配解或者 Pareto 最优解是非凸的。最后，开发了基于 NSGA-II 的算法去求解多目标赛汝生产问题，修改了一些在最初的 NSGA-II 算法中的属性来符合赛汝生产的特点[49]。

参 考 文 献

[1] Yin Y, Kaku I, Tang J F, et al. Data Mining: Concepts, Methods and Applications in Management and Engineering Design[M]. London: Springer-Verlag, 2011.

[2] Stecke K E, Yin Y, Kaku I. Seru: The organizational extension of JIT for a super-talent factory[J]. International Journal of Strategic Decision Sciences, 2012, 3 (1) : 105-118.

[3] Yin Y, Kaku I, Stecke K E. The evolution of Seru production systems throughout Canon[J]. Operations Management Education Review, 2008, 2: 35-39.

[4] Yin Y, Stecke K E, Swink M, et al. Lessons from Seru production on manufacturing competitively in a high cost environment[J]. Journal of Operations Management, 2017, 49: 67-76.

[5] Liu C, Lian J, Yin Y, et al. Seru Seisan-An innovation of the production management mode in Japan[J]. Asian Journal of Technology Innovation, 2010, 18 (2) : 89-113.

[6] Liu C, Stecke K E, Lian J, et al. An implementation framework for Seru production[J]. International Transactions in Operational Research, 2014, 21 (1) : 1-19.

[7] Yu Y, Gong J, Tang J F, et al. How to carry out assembly line-cell conversion? A discussion based on factor analysis of system performance improvements[J]. International Journal of Production Research, 2012, 50 (18) : 5259-5280.

[8] Yu Y, Tang J F, Sun W, et al. Combining local search into nondominated sorting for multi-objective line-cell conversion problem[J]. International Journal of Computer Integrated Manufacturing, 2013, 26 (4) : 316-326.

[9] Yu Y, Tang J F, Sun W, et al. Reducing worker (s) by converting assembly line into a pure cell system[J]. International Journal of Production Economics, 2013, 145 (2) : 799-806.

[10] Kaku I, Gong J, Tang J F, et al. A mathematical model for converting conveyor assembly line to cellular manufacturing[J]. International Journal of Industrial Engineering and Management Science, 2008, 7 (2) : 160-170.

[11] Kaku I, Gong J, Tang J F, et al. Modeling and numerical analysis of line cell conversion problems[J]. International Journal of Production Research, 2009, 47(8): 2055-2078.

[12] Takeuchi N. Seru Production System (Seru Seisan, in Japanese)[M]. Tokyo: JMA Management Center, 2006.

[13] Yin Y, Stecke K E, Li M, et al. Prospering in a volatile market: Meeting uncertain demand with Seru[R]. Yamagata University, 2011.

[14] Karp Richard M. Reducibility among combinatorial problems[J]. Complexity of Computer Computations, 1972: 85-103.

[15] Brualdi R A. Introductory Combinatorics[M]. Englewood: Prentice Hall, 2004.

[16] Carlitz L. Extended Bernoulli and Eulerian numbers[J]. Duke Mathematical Journal, 1964, 31(4): 667-689.

[17] Rennie B C, Dobson A J. On stirling numbers of the second kind[J]. Journal of Combinatorial Theory, 1969, 7(2): 116-121.

[18] Klazar M. Bell numbers, their relatives, and algebraic differential equations[J]. Journal of Combinatorial Theory, Series A, 2003, 102(1): 63-87.

[19] Knopfmacher A, Mays M. Ordered and unordered factorizations of integers[J]. Mathematica Journal, 2006, 10(1): 72-89.

[20] Williamson S G. Combinatorics for Computer Science[M]. Rockville MD: Computer Science Press, 1985.

[21] Yu Y, Tang J F, Li J, et al. Complexity and improvement comparison of line-cell conversion problem with FCFS and SPT[C]//Asian Conference of Management Science & Applications, Sanya, 2011: 1420-1433.

[22] Goicoechea A, Hansen D R, Duckstein L. Multiobjective Decision Analysis with Engineering and Business Applications[M]. New York: Wiley, 1982.

[23] Deb K, Pratap A, Agarwal S, et al. A fast and elitist multiobjective genetic algorithm: NSGA-II[J]. IEEE Transactions Evolutionary Computation, 2002, 6(2): 182-197.

[24] Schaffer J D. Multiple objective optimization with vector evaluated genetic algorithms[D]. Nashville: Vanderbilt University, 1984.

[25] Schaffer J D. Multiple objective optimization with vector evaluated genetic algorithms and their applications[C]//Proceedings of the First International Conference on Genetic Algorithms, Englewood, 1985: 93-100.

[26] Coutinho-Rodrigues J, Tralhao L, Alcada-Almeida L. A bi-objective modeling approach applied to an urban semi-desirable facility location problem[J]. European Journal of Operational Research, 2012, 223(1): 203-213.

[27] Cruz-Ramı́rez M, Hervas-Martı́nez C, Fernandez J C, et al. Multi-objective evolutionary algorithm for donor-recipient decision system in liver transplants[J]. European Journal of Operational Research, 2012, 222(2): 317-327.

[28] Gao X, Chen B, He X, et al. Multi-objective optimization for the periodic operation of the naphtha pyrolysis process using a new parallel hybrid algorithm combining NSGA-II with SQP[J]. Computers and Chemical Engineering, 2008, 32(11): 2801-2811.

[29] Zitzler E. Evolutionary algorithms for multi-objective optimizations: Methods and applications[D]. Switzerland: Swiss Federal Institute of Technology(ETH), 1999.

[30] Knowles J, Corne D. The Pareto archived evolution strategy: A new baseline algorithm for multi-objective optimization[C]//Proceedings of the 1999 Congress on Evolutionary Computation, Englewood, 1999: 98-105.

[31] Ali M, Siarry P, Pant M. An efficient differential evolution based algorithm for solving multi-objective optimization problems[J]. European Journal of Operational Research, 2012, 217(2): 404-416.

[32] Xue F, Sanderson A C, Graves R J. Pareto-based multi-objective differential evolution[C]// Proceedings of the 2003 Congress on Evolutionary Computation, Canberra, 2003: 862-869.

[33] Xia W, Wu Z. An effective hybrid optimization approach for multi objective flexible job-shop scheduling problems[J]. Computers & Industrial Engineering, 2005, 48(2): 409-425.

[34] Zeng X H, Wong W K, Leung S Y S. An operator allocation optimization model for balancing control of the hybrid assembly lines using Pareto utility discrete differential evolution algorithm[J]. Computers & Operations Research, 2012, 39(5): 1145-1159.

[35] Lin Y K, Yeh C T. Multi-objective optimization for stochastic computer networks using NSGA-II and TOPSIS[J]. European Journal of Operational Research, 2012, 218(3): 735-746.

[36] Coello C A C, de Computacion S, Zacatenco C S P. Twenty years of evolutionary multi-objective optimization: A historical view of the field[J]. CSP Zacatenco-IEEE Computational Intelligence Magazine, 2006, 1(1): 28-36.

[37] Wang X D, Hirschb C, Kanga S, et al. Multi-objective optimization of turbo machinery using improved NSGA-II and approximation model[J].Computer Methods in Applied Mechanics and Engineering, 2011, 200(9-12): 883-895.

[38] Deb K, Agrawal R B. Simulated binary crossover for continuous search space[J]. Complex System, 1995, 9(2): 115-148.

[39] Beyer H G, Deb K. On self-adaptive features in real-parameter evolutionary algorithm[J]. IEEE Transactions on Evolutionary Computation, 2001, 5(3): 250-270.

[40] Goldberg D E, Lingle R J. Alleles, loci, and the TSP[C]//Proceedings of the First International Conference on Genetic Algorithms, Hillsdale, 1985: 154-159.

[41] Oliver I M, Smith D J, Holland J R C. A study of permutation crossover operators on the traveling salesman problem[C]//Proceedings of the Second International Conference on Genetic Algorithms, Mahwah, 1987: 224-230.

[42] Hyun C J, Kim Y, Kim Y K. A genetic algorithm for multiple objective sequencing problems in mixed model assembly lines[J]. Computers & Operations Research, 1998, 25 (7-8): 675-690.

[43] Davis L. Applying adaptive algorithms to epistatic domains[C]//Proceedings of the International Joint Conference on Artificial Intelligence, 1985: 234-243.

[44] Hansen M P, Jaszkiewicz A. Evaluating the quality of approximations to the nondominated set[R]. Technical University of Denmark, 1998.

[45] Tan K C, Lee T H, Khor E F. Evolutionary algorithm with dynamic population size and local exploration for multiobjective optimization[J]. IEEE Transactions on Evolutionary Computation, 2001, 5 (6): 565-588.

[46] Czyak P, Jaskiewicz A. Pareto simulated annealing-A metaheuristic technique for multiple objective combinatorial optimization[J]. Journal of Multi-Criteria Decision Making, 1998, 6 (7): 34-47.

[47] Ulungu E L, Teghem J, Ost C. Efficiency of interactive multi-objective simulated annealing through a case study[J]. Journal of the Operational Research Society, 1998, 49 (10): 1044-1050.

[48] Arroyo J E C, Armentano V A. Genetic local search for multi-objective flowshop scheduling problems[J]. European Journal of Operational Research, 2005, 167 (3): 717-738.

[49] Yu Y, Tang J F, Gong J, et al. Mathematical analysis and solutions for multi-objective line-cell conversion problem[J]. European Journal of Operational Research, 2014, 236 (2): 774-786.

第7章 工人数和完工时间最小的纯赛汝系统设计优化

赛汝生产是一种新生产模式，一个(或几个)工人在一个赛汝内完成所有或大部分操作。赛汝生产能够减少工人数但不降低生产率，赛汝生产运作是一个复杂的决策问题。本章提出一个减少工人数同时提高生产率的多目标赛汝生产运作方法。从数学角度去阐述这个多目标赛汝生产的特性，并证明是 NP 难问题。提出一种改进精确算法求解这个多目标模型的 Pareto 最优解，数值实验很好地解释了赛汝生产可以减少工人数同时减少完工时间。

7.1 引　　言

赛汝生产是一个广泛应用在日本电子产业的新生产方式，在韩国[1]、中国和其他国家也有所应用，其可分为分割式赛汝、巡回式赛汝和单人式赛汝三种类型。分割式赛汝由一个经过部分交叉培训的工人组成，被分成不同的区域，每个区域由一个或多个工人操作；巡回式赛汝或屋台赛汝的工人经过完全交叉培训，巡回式赛汝通常是将 n 个工人分配到一个 U 形赛汝中，每个工人独立完成装配一个产品，装配工作被安排在一个固定区域，工人们从一个区域移动到另一个区域；屋台赛汝是由一个独立工人工作的赛汝，工人自己完成所有的操作和管理任务。例如，一个佳能的 S 级工人(技能等级中的最高级)可以在 2 小时内装配一台由 2700 个部分组成的复杂的多功能设备，或者在 4 小时内装配一个由 940 个部分组成的高级摄像机；日本某电子公司中经过完全交叉培训的工人能在 18 分钟内装配一台由 120 个部分组成的文字处理机[2]。本章仅分析巡回式赛汝和单人式赛汝。

一个整合了精益和敏捷生产的赛汝生产系统具有很多优点[3]，可以减少总劳动时间、准备时间、工人数、在制品库存、成品库存、成本和工作空间。因此，赛汝生产可以用于提高生产力和竞争优势。然而，怎样去运作赛汝生产是一个十分复杂的决策性问题，因为当企业面临动荡的生产环境时[4]，他们想实施赛汝生产，就必须决定构建多少个赛汝及工人和批次如何分配到每一个赛汝中。

减少工人数是赛汝生产的一个重要功能。例如，分配合适的工人数到赛汝中，可利用较少的工人数完成流水生产线模式同样的工作。查阅发表在日本杂志上的 24 个赛汝生产的案例，发现有三分之一的案例称其通过使用赛汝生产减少了

20%～80%的工人[3]。然而,工人的减少可能导致完工时间的增长,但当仅考虑减少完工时间时,赛汝的生产性能就会有很大优势。例如,索尼使用这种模式减少了 53%的完工时间。事实上,只有当工人数和完工时间同时减少时,赛汝生产才会被公司采纳。因此,为了研究怎样利用赛汝生产去同时减少工人数和完工时间,这里建立了最小化工人数和完工时间的多目标赛汝生产模型。

7.2　减少工人数和最小化完工时间的双目标赛汝生产

文献[5]比较了三种装配系统类型:纯赛汝生产系统、完全流水生产线系统和由流水生产线和赛汝组成的混合式生产系统。为了简化问题且不失一般性,本章研究的赛汝系统如图 7-1 所示,即一个由流水生产线系统转化而来的纯赛汝生产系统。减少工人数是赛汝生产的重要优点之一,因此本章考虑减少工人数和完工时间两个目标,问题的关键是如何构建赛汝、如何在赛汝中合适地分配工人和批次。

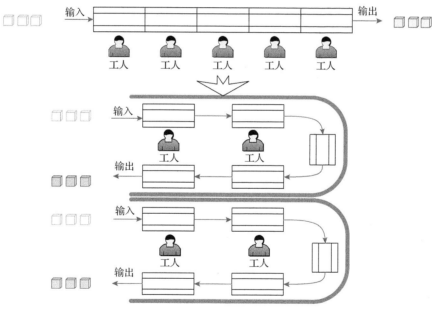

图 7-1　通过赛汝生产减少工人的实例

减少工人数及完工时间的多目标赛汝生产的数学模型表示如下:

$$\text{Min}\left\{\sum_{j=1}^{J}\sum_{i=1}^{W}X_{ij}\right\} \tag{7-1}$$

$$\text{MinCmax} = \text{Min}\left\{\max_{m}(\text{FCB}_m + \text{FC}_m + \text{SC}_m)\right\} \tag{7-2}$$

限制条件为

$$\sum_{j=1}^{J}\sum_{i=1}^{W}X_{ij} < W \tag{7-3}$$

$$1 \leqslant \sum_{i=1}^{W}X_{ij}, \quad \forall j \tag{7-4}$$

$$\sum_{j=1}^{J}\sum_{k=1}^{M}Z_{mjk} = 1, \quad \forall m$$

$$\sum_{m=1}^{M}\sum_{k=1}^{M}Z_{mjk} = 0, \quad \forall j \left| \sum_{i=1}^{W}X_{ij} = 0 \right.$$

$$\sum_{j=1}^{J}\sum_{k=1}^{M}Z_{mjk} \leqslant \sum_{j'=1}^{J}\sum_{k'=1}^{M}Z_{(m-1)j'k'}, \quad m = 2,3,\cdots,M$$

式(7-1)表示最小化工人数，式(7-2)表述了所有批次的完工时间最小化，式(7-3)表述了一个赛汝中工人数小于总工人数的限制，即减人。式(7-4)表述了工人分配，即一个工人只能分配到一个赛汝中。

根据这个模型的特征，即有目标 1、目标 2 和减少工人数约束，该问题被命名为减少工人数的多目标赛汝生产问题。

7.3　模型中的一些数学特征

可以观察到减少工人数的多目标赛汝生产问题并不是线性的，因此需要阐明它的数学特征去寻找解决方法。

7.3.1　赛汝生产的两个决策步骤

赛汝生产是一个两阶段决策过程。第一步是赛汝构造[5]，赛汝构造决定赛汝的数量和工人在赛汝中的分配。为了减少工人数[即式(7-3)]，赛汝系统中的工人总数应小于 W。减少工人数的赛汝生产实例如图 7-1 所示。第二步是赛汝调度，决定了批次在赛汝中的分配和顺序[6,7]，本章采用的是先到先服务调度规则。

7.3.2　赛汝构造的解空间

定理 7.1　减少工人数的多目标赛汝生产问题是一个 NP 难问题。

证明　{1, 2, …, W}作为流水生产线的工人集合，有2^W-2个非空完全子集(表示为{$w_1, w_2, …, w_R$}，$R=2^W-2$，$w_r \in$ {1, 2, …, W})。很明显，任一非空完全子集w_r可以代表减少工人数的赛汝生产问题的可行解。换句话说，w_r表示赛汝系统的工人集合。因此，有W个工人，减少工人数的赛汝生产问题存在2^W-2个可行解(表示为{$w_1, w_2, …, w_R$}，$R=2^W-2$)。对于w_r个子集，它的赛汝构造是把$|w_r|$(w_r的基数，即w_r个子集中的工人数)个工人划分到成对互斥的非空赛汝中，每一个赛汝中可能有1个或者n个工人，每一个工人只能被分配到一个赛汝中去。如果术语"工人"被归纳为元素，赛汝构造会把w_r集合的元素$|w_r|$划分到无序的成对互斥的非空赛汝子集中。很明显，w_r个工人的赛汝构造是无序集合划分问题的实例。众所周知，这是一个NP难问题[8]，因此减少工人数的多目标赛汝生产问题的赛汝构造也是一个NP难问题。

例如，流水生产线上的工人标注为1、2和3，它的非空完全子集是{1}、{2}、{3}、{1,2}、{1,3}、{2,3}，每一个子集表示减少工人的可行选择。例如，子集{1,2}代表工人1和工人2分配在赛汝系统中，而工人3被减掉。对于子集{1,2}，无序集划分是{1,2}(意味着一个赛汝由工人1和工人2构成)和{{1},{2}}(意味着两个赛汝，工人1在赛汝1中、工人2在赛汝2中)。因此，3个工人时，有6个减少工人数的可行选择(即{1}、{2}、{3}、{1,3}、{1,2}、{2,3})，有9个赛汝生产可行的赛汝构造(即{1}、{2}、{3}、{1,2}、{{1},{2}}、{1,3}、{{1},{3}}、{2,3}和{{2},{3}})。

无序集合划分可以为[9, 10]

$$B(W) = \sum_{C=1}^{W} S(W,C) \tag{7-5}$$

式中，$S(W, C)$是划分流水生产线上W个工人分到C个赛汝的解的个数，等于第二种斯特林的$S(n, k)$；$B(W)$是划分W个工人在赛汝系统中的解的个数，$B(0) \sim B(10)$的值分别为1、1、2、5、15、52、203、877、4140、21147和115975。

从W个工人中减少r个工人的赛汝构造的可行解($F(W, r)$)可以表示为无序集合划分，即式(7-5)。

性质7.1　从W个工人中减少r个工人，$F(W,r) = \binom{W}{W-R} \sum_{C=1}^{W-r} S(W-r,C)$。

解释　对于从W个工人中减少r个工人的实例，W−r个工人在赛汝系统中。根据式(7-5)，$\sum_{C=1}^{W-R} S(W-r,C)$代表将W−r个工人划分至赛汝系统中的解。除此之外，对于左边的W−r个工人，有$\binom{W}{W-R}$个解。

性质 7.2　对于减少工人数的 W 个工人的实例，赛汝构造的可行解 $F(W) = \sum_{C=1}^{W-R} \binom{W}{W-R} S(W-r, C)$，$r$ 为减少的工人数。

解释　对于减少工人数的多目标赛汝生产问题，把少于 W 个工人划分为成对互斥的非空赛汝。也就是说，$F(W) = \sum_{r-1}^{W-1} F(w, r)$，根据性质 7.1，

$$F(W) = \binom{W}{W-R} \sum_{C=1}^{W-R} S(W-r, C)$$，$F(1) \sim F(10)$ 的值分别为 0、2、9、36、150、673、3263、17006、94827 和 562594。

7.3.3　赛汝调度的解空间

赛汝调度是在赛汝构造后的批次分配，没有一个给定的调度规则，赛汝调度就是一个调度问题和 NP 难问题。

定理 7.2　减少工人数的多目标赛汝生产问题的赛汝调度是一个 NP 难问题。

证明　文献[2]已经证明，即使一个简单的赛汝调度问题，也是一个 NP 难问题。

定理 7.3　减少工人数的多目标赛汝生产问题是一个 NP 难问题。

证明　减少工人数的多目标赛汝生产问题是一个复杂的 NP 难问题，由两个 NP 难问题组成。为了简便且不失一般性，使用经典调度规则，即先到先服务调度规则。一个先到达的产品被安排到序号最小的空赛汝中，如果所有的赛汝都在工作，那么批次被分配到最早完工的赛汝中。然而，根据定理 7.1，使用先到先服务调度规则的减少工人数的多目标赛汝生产问题仍是一个 NP 难问题。

使用先到先服务的赛汝调度规则时，调度结果 L 由赛汝构造中产生的赛汝数量 C 表示。

性质 7.3　在先到先服务调度规则下，有 C 个赛汝时，$L = C!$。

解释　使用先到先服务调度规则时，第一个 C 批次根据它们到达的顺序和 C 个赛汝的顺序被分配到赛汝中。因此在考虑赛汝构造问题时，赛汝调度是一个排列问题。

7.3.4　减少工人数的多目标赛汝生产的解空间

把赛汝构造和赛汝调度的解空间组合起来，可以阐明减少工人数的多目标赛汝生产问题的解空间 $T(W)$。

性质 7.4　在先到先服务的调度规则下，$T(W) = \sum_{C=1}^{W-R} \binom{W}{W-R} \sum_{C=1}^{W-R} S(W-r, C) C!$。

解释　结合性质 7.2 和性质 7.3，$T(1) \sim T(10)$ 的值分别为 0、2、12、74、540、

4682、47292、545834、7087260 和 102247562。

7.4 改进的精确算法

因为减少工人数的多目标赛汝生产模型的可行解个数与工人数呈指数函数关系，所以很难在合理的计算时间内求解 Pareto 最优解。针对这个小规模问题，本书开发了一个改进的精确算法。

在减少工人数的多目标赛汝生产问题中，有两个目标：最少工人数和完工时间。当使用常用算法求解多目标最优化问题时，时间复杂度为 $O(MN^2)$，M 为目标数，N 为可行解个数。

为了降低时间复杂度 $O(MN^2)$，把多目标最优化问题转换为一个单目标优化问题来减少计算时间。首先，获得集合 $\{1, 2, \cdots, W\}$ 的 2^W-2 个非空完全子集。对于每一个非空完全子集，使用无序集合划分标准来产生可行解和寻找最少完工时间的解作为其最优解。通过比较 2^W-2 个解的工人数及完工时间，至少可以得到 $W-1$ 个非支配解。改进后的精确算法描述如算法 7.1 所示。

算法 7.1 改进后的精确算法

输入：W（工人数）

输出：减少工人数的多目标赛汝生产问题的 Pareto 最优解

(1) 赋初值。让集合 $P=\varnothing$（集合 $\{1, 2, \cdots, W\}$ 的非空完全子集）、$F=\varnothing$（在每一个非空完全子集中有最小完工时间的解的集合）、$N=\varnothing$（参与最终非支配排序的解的集合）。

(2) 通过递归算法来生产集合 $\{1, 2, \cdots, W\}$ 的 2^W-2 个非空完全子集（P）。P 的基数为 $|P|=2^W-2$。

(3) for each $P_i \in P$ do

    生成 P_i 个有序集合划分的解（S_i）作为可行解

    设置 S_i 的最小完工时间（mTS_i）$=\infty$（无穷大）

    for $s_j \in S_i$ do

        if s_j 的完工时间小于 mTS_i then

            $mTS_i=S_i$ 的完工时间

        else

            $j=j+1$

        end if

        把 mTS_i 加进 F。

    end for

(4) 根据工人数，把 F 划分到 $W-1$ 个子集（F_S）中。在每一个子集中，所有元素有相同的工人数。

(5) for each F_S do

　　对 F_S 的最小完工时间赋予初值，$mTF_S = \infty$

　　for $f_j \in F_S$ do

　　　　if f_j 的完工时间小于 mTF_S then

　　　　　　$mTF_S = f_j$ 的完工时间

　　　　else

　　　　　　$j = j+1$

　　　　end if

　　end for

end for

(6) 输出非支配解集合 N。

　　根据第 (4) 步和第 (5) 步，最多有 $W-1$ 个解参与非支配排序，因此时间复杂度为 $O(M(W-1)^2)$。

7.5　测　试　实　例

　　实验数据如表 7-1～表 7-5 所示。

表 7-1　减少工人数的多目标赛汝生产的参数值

参数	数值
产品类型	5
批次大小	$N(50,5)$
ε_i	$N(0.2,0.05)$
SL_n	2.2
SC_n	1.0
T_n	1.8
η_i	10

表 7-2　不同工人数对应的 ε_i

工人	1	2	3	4	5	6	7	8	9	10
ε_i	0.18	0.19	0.2	0.21	0.2	0.2	0.2	0.22	0.19	0.19

表 7-3　工人技能水平 β_{ni} 的详细数据分布系数

产品类型	1	2	3	4	5
分类函数	$N(1,0.1)$	$N(1.05,0.1)$	$N(1.1,0.1)$	$N(1.15,0.1)$	$N(1.2,0.1)$

表 7-4　工人技能水平 β_{ni} 的详细数据

工人	产品类型				
	1	2	3	4	5
1	1.02	1.05	1.10	1.05	1.13
2	1.09	1.15	1.16	1.24	1.29
3	0.96	0.98	1.06	1.16	1.22
4	0.94	0.99	1.10	1.09	1.10
5	0.96	1.10	1.08	1.07	1.23
6	0.92	0.97	1.12	0.99	1.20
7	1.10	1.13	1.13	1.22	1.27
8	0.98	1.08	1.06	1.30	1.16
9	1.03	1.03	1.13	1.25	1.11
10	0.97	1.14	1.20	1.21	1.22

表 7-5　不同批次的数据分布

批次	产品类型	批次大小
1	3	55
2	5	53
3	3	54
4	4	49
5	1	49
6	4	55
7	1	54
8	2	48
9	2	48
10	3	48
11	2	46
12	4	58
13	3	48
14	4	52
15	5	48
16	5	51
17	1	54
18	4	57
19	2	54
20	5	49
21	1	53
22	3	46
23	4	45
24	5	46

续表

批次	产品类型	批次大小
25	2	45
26	3	44
27	1	53
28	4	47
29	2	53
30	3	52

1. 硬件和软件规格说明

改进的精确算法用 C#编程语言实现。操作系统为 Window XP，硬件为 3.49GB 内存、2.66GHz 英特尔酷睿 TM 处理器。

2. 实验结果

对于 5 个工人的情况，有 540 个可行解。使用改进的精确算法，每一个非空完全子集中减少完工时间可行解和最终的 4 个 Pareto 最优解如图 7-2 所示。解{1, 3, 4, 5}中仅有 1 个赛汝和 4 个工人，完工时间为 3672s，接近但高于流水生产线的完工时间 3525s，但是减少了工人数。

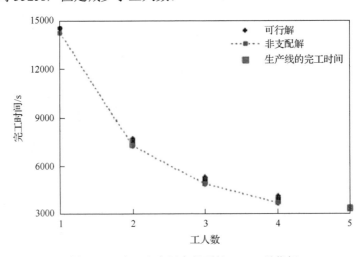

图 7-2　5 个工人实例中得到的 Pareto 最优解

从图 7-2 中可以看出，减少工人数可能会增加完工时间，即使如此仍有两个改进：一是关于已给完工时间时减少多少工人的讨论，例如，在图 7-2 中，减少 1 个工人仅增加 4%的完工时间；二是关于减少工人数同时增加完工时间的讨论，具体见表 7-6 中的实例。

表 7-6　通过改进的精确算法得到 6～9 个工人实例的所有满意解和不满意解

流水生产线工人数	赛汝构造	减掉的工人数	完工时间/s
6	{1,3,4,6}	2	4353[ou]
6	{{4,5},{2,3,6}}	1	3571
6	{{3,4},{1,2,6}}	1	3564
6	{{1},{2,4},{3,5}}	1	3557
6	{{5},{1},{2,3,6}}	1	3553
6	{{5},{1},{2,4,6}}	1	3541
6	{{5},{6},{1,3,4}}	1	3469*
7	{{5},{6},{1,3,4}}	2	4044[ou]
7	{{2,5},{1,3,4,7}}	1	3530
7	{{1,5,6,7},{2,3}}	1	3518
7	{{2,6,7},{1,4,5}}	1	3518
7	{{4,5,6,7},{2,3}}	1	3512
7	{{1,4,6,7},{2,3}}	1	3506
7	{{5},{1,4,6},{2,3}}	1	3447*
7	{{5},{1,4,6},{3,7}}	1	3447*
8	{{3},{4},{8},{1,5,6}}	2	3879[ou]
8	{{2},{1,7,8},{3,4,5}}	1	3458
8	{{7},{5},{2},{1,3,8},{6}}	1	3438
8	{{8},{5},{2},{1,4,7},{6}}	1	3438
8	{{2},{6,7,8},{1,3,4}}	1	3431
8	{{2},{4,7,8},{3,5,6}}	1	3425
8	{{1,5,6},{3,4,7},{2}}	1	3409
8	{{1,5,6},{2,3,4},{8}}	1	3381
8	{{8},{3,4,7},{1,5,6}}	1	3368*
9	{{2,3,5,6},{1,4,9}}	2	3816[ou]
9	{{1,5,6},{2,3,4},{8}}	2	3803
9	{{7},{1,5,6},{3,4,9}}	2	3797
9	{{8},{3,4,7},{1,5,6}}	2	3788
9	{{5,6},{1,3,4,8,9}}	2	3780*
9	{{8},{1,4,5,9},{2,3,7}}	1	3397
9	{{2,7},{1,5,9},{3},{6},{8}}	1	3366
9	{{2,9},{1,4,7},{3},{6},{8}}	1	3364
9	{{2,5},{4},{1,7,9},{6},{8}}	1	3364
9	{{2,7},{4,5,9},{3},{6},{8}}	1	3364
9	{{3,4,5},{2,7,9},{1,6}}	1	3350
9	{{1,3,8},{4,6},{2,5,7}}	1	3349
9	{{2,8,9},{3},{1,4,5,6}}	1	3336*

注：标志为 "ou" 和 "*" 的解分别是最佳不满意解和 Pareto 最优解，其他解都是满意解。

表 7-6 通过改进的精确算法给出 6～9 个工人实例中得到的所有满意解和不满意解。这些流水生产线上的完工时间分别为 3587s、3694s、3748s 和 3809s。解的完工时间显示在最后一排。

3. 讨论

从表 7-6 中可以得出以下结论：

第一，不降低生产效率的情况下减少工人数可以通过赛汝生产实现，在 Pareto 最优解中至少有 1 个工人(在 9 个工人的情况下减少 2 个工人)可能会减少，完工时间低于流水生产线。也就是说，在下面的例子中，减少 10%～20% 的工人可能会提高 3%～12% 的生产力。

第二，赛汝构造可能会有不同类型——减少工人数和提高生产效率同时实现。例如，在有 6 个工人的情况下，2 个赛汝有 2 种类型(({4,5}，{2,3,6})和({3,4}，{1,2,6}))、3 个赛汝有 4 种类型(({1}，{2,4}，{3,5})、({5}，{1}，{2,3,6})、({5}，{1}，{2,4,6})和({5}，{6}，{1,3,4}))的赛汝构造满足目标但是完工时间不同。工人越多，赛汝类型越复杂。因此，可以选择一个合适的赛汝构造，分配合理的工人到赛汝中。在有 6 个、7 个和 8 个工人的情况下，Pareto 最优解总是减少 2 个能力低的工人；在有 9 个工人的情况下，Pareto 最优解中减少编号为 2 和 7 的工人，因为在 9 个工人中他们的技能最差(见表 7-4)。

第三，赛汝生产会存在一个减少更多工人的可能性。这个现象有两种解释：第一种解释，减少工人的可能性随着工人数的增加而提高，这通过对比 7 个、8 个和 9 个工人实例中减少工人的不满意解中可以看出。减少 2 个工人后，其与流水生产线完工时间的差距分别是 395s(即 4044s～3649s)、131s(即 3879s～3748s)和 7s(即 3816s～3809s)。这意味着当工人数更多时，减少更多的工人有更大的可能性。第二种解释，其在 9 个工人的实例中已经显示出来。在 8 个工人的实例中，2 个工人的减少可能会导致更差的生产力(更高的完工时间 3879s 大于流水生产线上的 3784s)。然而，在 9 个工人的情况下，赛汝构造会通过减少 2 个工人实现更少的完工时间(在 5 个工人减少 2 个工人的实例中仅有一个较差的完工时间，其他四个更好)。为了更清楚地显示通过赛汝生产能有多少工人可以减少，这里定义了完工时间的差距 dMakespan，其表达式为

$$\text{dMakespan} = \text{流水生产线的完工时间} - \text{赛汝生产的完工时间} \qquad (7\text{-}6)$$

显然，如果 dMakespan>0，那么赛汝生产的完工时间小于流水线的完工时间。图 7-3 显示了工人数对减少工人的影响。从图 7-3 中可以发现，dMakespan 随着工人数的增加而上升。当工人数 $W>5$ 时，$W-1$ 个工人的 dMakespan 总是大于 0 的，这意味着赛汝生产在 6～9 个工人的实例中可能会减少 1 个工人但不减少完工时

间。然而，除了 9 个工人的情况，几乎 W–2 个工人的 dMakespan 都小于 0，。这意味着在 9 个工人的实例中，赛汝生产可能会减少 2 个工人，不会减少完工时间。在实验的情况中，W–3 个工人的所有 dMakespan 都小于 0，这意味着减少 3 个工人不能同时减少完工时间。

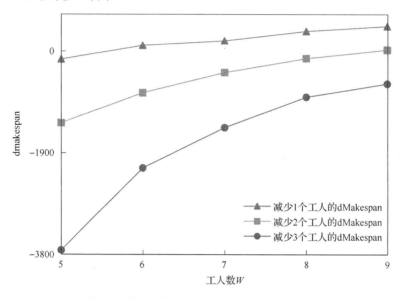

图 7-3　完工时间改进率与工人数之间的关系

除此之外，可能存在多个 Pareto 最优解。例如，在 7 个工人的实例中，2 个赛汝构造的解（{5}，{1,4,6}，{2,3}）和（{5}，{1,4,6}，{3,7}）有两个相同的最优完工时间。这在实际中看起来是合理的，因为可能存在技能水平一样的工人。而且，减少工人数也可能被其他操作因素影响，如工人的技能水平、产品批次以及批量。然而，哪个因素显著影响减少工人数并不明显。

7.6　本　章　小　结

本章首先提出了减少工人数及最小化完工时间两个目标的赛汝生产。然后提出一些定理证明了该多目标赛汝生产问题是一个 NP 难问题，并阐述了解空间的一些数学特征。最后提出了解决小规模问题的 Pareto 最优解的一个改进精确算法。通过一些计算实例，阐明了赛汝生产可以同时减少工人数和完工时间[11]。

参　考　文　献

[1] Yin Y. The direction of Samsung style next generation production methods. A speech given at the Samsung production methods innovation forum[R], Samsung Electronics, 2006.

[2] Stecke K E, Yin Y, Kaku I. Seru: The organizational extension of JIT for a super-talent factory[J]. International Journal of Strategic Decision Sciences, 2012, 3(1): 105-118.

[3] Yin Y, Stecke K E, Swink M, et al. Lessons from Seru production on manufacturing competitively in a high cost environment[J]. Journal of Operations Management, 2017, 49-51: 67-76.

[4] Duan Q L, Liao T W. Optimization of replenishment policies for decentralized and centralized capacitated supply chains under various demands[J]. International Journal of Production Economics, 2013, 142(1): 194-204.

[5] Kaku I, Gong J, Tang J F, et al. A mathematical model for converting conveyor assembly line to cellular manufacturing[J]. International Journal of Industrial Engineering and Management Science, 2008, 7(2): 160-170.

[6] Solimanpur M, Elmi A. A tabu search approach for cell scheduling problem with makespan criterion[J]. International Journal of Production Economics, 2013, 141(2): 639-645.

[7] Che A, Chabrol M, Gourgand M, et al. Scheduling multiple robots in a no-wait re-entrant robotic flowshop[J]. International Journal of Production Economics, 2012, 135(1): 199-208.

[8] Yu Y, Gong J, Tang J F, et al. How to do assembly line-cell conversion? A discussion based on factor analysis of system performance improvements[J]. International Journal of Production Research, 2012, 50(18): 5259-5280.

[9] Klazar M. Bellnumbers, their relatives, and algebraic differential equations[J]. Journal of Combinatorial Theory, Series A, 2003, 102(1): 63-87.

[10] Knopfmacher A, Mays M. Ordered and unordered factorizations of integers[J]. Mathematica Journal, 2006, 10(1): 72-89.

[11] Yu Y, Tang J F, Sun W, et al. Reducing worker(s) by converting assembly line into a pure cell system[J]. International Journal of Production Economics, 2013, 145(2): 799-806.

第8章 不增加完工时间且工人数最少的纯赛汝系统设计优化

与传统流水生产线相比，赛汝生产可以减少工人数和完工时间。然而，当两个目标同时考虑时，Pareto 最优解中会出现工人数减少但完工时间增加的情况。因此，在不增加完工时间的情况下，本章构建了一个减少工人数的赛汝生产模型，并针对不同规模的实例开发了精确和启发式算法。首先，分析模型的特有性质。然后，根据解空间的特性，提出两个精确算法求解中小规模的实例，即从工人多向工人少的解空间进行搜索和从工人少向工人多的解空间进行搜索。这两个精确算法仅搜索了部分解空间，但获得了全局最优解。根据可行解长度的可变性，提出一个用于解决大规模实例的可变长度编码算法。最后，使用大量的实验验证所提算法的性能，并得出一些管理上的意见，即在何时、如何用赛汝生产能减少工人且能不增加完工时间。

8.1 引 言

正如文献[1]所说，赛汝系统是一个具有比流水生产线更高生产力的、更高效和更灵活的系统[2,3]。因为赛汝生产的优势，很多企业把过去的流水生产线转变为一个赛汝系统来提高生产力[4]。赛汝生产最优运作的实质是获得最优赛汝生产运作的解[1,4,5]，赛汝生产运作的第一个问题是如何通过赛汝提升性能。文献[4]阐述了赛汝生产可以用于更好地降低完工时间和总劳动时间(total loban hours，TLH)。文献[6]指出，工人数和完工时间可以通过这种转变同时减少。然而，当两个目标同时考虑时，Pareto 最优解中可能存在工人数减少但完工时间增加的情况。因此，根据制造商的实际需要，本章研究工人数减少且完工时间不增加的问题。

建立赛汝生产的数学模型很关键。文献[4]建立了最小完工时间和总劳动时间的双目标赛汝生产模型，提出了三种类型系统：纯赛汝系统、纯流水生产线和一个包括流水生产线和赛汝系统的复合系统。为了简便，文献[7]研究了同时最小化完工时间和劳动时间的纯赛汝生产模型，文献[6]研究了同时最小化工人数和完工时间的纯赛汝生产模型。

此外，怎样去寻找最优解或者次优解对赛汝生产也很重要。文献[6]提出了一个解决小规模案例的精确算法来解决最小工人数和完工时间的双目标赛汝生产问题。文献[8]提出了基于非支配排序遗传算法的启发式算法来同时解决最小化完工时间和劳动时间的双目标模型问题。文献[9]提出了一个基于非支配排序的改进精确算法来解决针对中小规模案例的最小化完工时间和劳动时间的双目标模型问题。文献[10]总结了在赛汝生产时最小化完工时间和劳动时间的四个单目标模型，并分别提出了相应的启发式算法。

8.2　不增加完工时间且工人数最少的赛汝生产

8.2.1　性能指标

工人数和最大完工时间用来评估赛汝系统的性能。工人数 W 是赛汝系统所包含的全部工人数，表示为

$$W = \sum_{j=1}^{J}\sum_{i=1}^{W} X_{ij} \tag{8-1}$$

赛汝系统的最大完工时间是最后一个产品在赛汝系统的完工时间，表示为

$$\text{赛汝系统的完工时间} = \max_{m=1}^{M}(\text{FCB}_m + \text{SC}_m + \text{FC}_m) \tag{8-2}$$

8.2.2　约束条件

(1)减少工人的约束条件。

$$\sum_{j=1}^{J} X_{ij} \leqslant 1, \quad \forall i \tag{8-3}$$

$$\sum_{j=1}^{J}\sum_{i=1}^{W} X_{ij} < W \tag{8-4}$$

如式(8-3)所示，在减少工人数的赛汝生产过程中，工人 i 要么留在赛汝系统中，要么移走。式(8-4)意味着至少减少 1 个工人。

(2)赛汝构造约束条件。

$$1 \leqslant \sum_{i=1}^{W} X_{ij} < W, \quad \forall j \tag{8-5}$$

式(8-5)确保每个构建的赛汝至少有 1 个工人，最多有 W–1 个工人。

(3)赛汝调度约束条件。

$$\sum_{j=1}^{J}\sum_{k=1}^{M} Z_{mjk} = 1, \quad \forall m \tag{8-6}$$

$$\sum_{m=1}^{M}\sum_{k=1}^{M} Z_{mjk} = 0, \quad \forall j \,\Big|\, \sum_{i=1}^{W} X_{ij} = 0 \tag{8-7}$$

式 (8-6) 保证一个批次仅在一个赛汝中生产。式 (8-7) 保证一个批次必须在有至少 1 个工人的赛汝中生产。

(4) 完工时间约束条件。

$$\text{赛汝生产的完工时间} \leqslant \text{对应生产线的完工时间} \tag{8-8}$$

式 (8-8) 意味着赛汝系统的完工时间不能超过对应的流水生产线的完工时间。

8.2.3 减少工人数的赛汝生产模型

通过组合上述性能指标和约束条件,可以构建下述模型。

(1) 工人数最小模型:最小化式 (8-1),约束条件为式 (8-3)～式 (8-7)。

工人数最小模型是指最小赛汝系统中的工人数 [即式 (8-1)]。因此,这个目标由最小化式 (8-1) 表示,约束条件包括减少工人、赛汝构造和赛汝调度约束 [即式 (8-3)～式 (8-7)]。

如果不考虑完工时间的约束条件,那么最小化式 (8-1) 的模型无意义,因为式 (8-1) 的最小值是 0。因此,本节构建了减少工人数但不增加完工时间的赛汝生产模型。

(2) 完工时间约束的工人数最小模型:最小化式 (8-1),约束条件为 (8-3)～式 (8-8)。

考虑完工时间的约束 [式 (8-8)],如上所述构建了具有完工时间约束的工人数最小模型。

(3) 最小化工人数和完工时间的双目标模型:最小化式 (8-1) 和式 (8-2),约束条件为 (8-3)～式 (8-7)。

最小化工人数和完工时间的双目标模型,是同时实现工人数和完工时间的最小化,即最小化式 (8-1) 和式 (8-2),该模型已由文献 [6] 用精确算法构建和解决。然而,其存在如下缺点:①双目标模型的 Pareto 最优解可能会减少工人数但增加完工时间;②双目标模型的复杂度较大,即 $O(2N^2)$,2 表示双目标,N 是指所有可行解的个数。使用现存的精确的双目标算法(即 ε-约束条件法和并行划分方法)仅可以解决小规模案例。

考虑上述缺点,即企业通常不希望出现工人数减少但完工时间增加的情况,因此把最小化工人数和完工时间的双目标模型转变为不增加完工时间且减少工人数的单目标模型。根据模型的特征，本书提出了两个精确算法和一个启发式算法。

8.3　不增加完工时间且减少工人数的赛汝生产模型的特征

减少工人数的赛汝生产包括三个决策过程，即减少工人、赛汝构造和赛汝调度。①减少工人决定的是在赛汝系统中留多少工人，如减少工人的约束条件所示。②赛汝构造决定的是需要构建多少赛汝及怎样分配工人到赛汝中，如赛汝构造的约束条件所示。减少工人和赛汝构造均由决策变量 X_{ij} 决定。③赛汝调度决定了如何分配产品批次到赛汝中，由变量 Z_{mjk} 决定，如赛汝调度的约束条件所示。

8.3.1　减少工人数的解空间复杂度

对于 W 个工人，设 r 为减少的工人数量，因此有 C_W^r 个解。显然，r 的范围为 $1 \sim W{-}1$，因此减少工人（$R(W)$）的解的个数为

$$R(W) = \sum_{r=1}^{W-1} C_W^r \tag{8-9}$$

$R(1) \sim R(10)$ 的值分别为 0、2、6、14、30、62、126、254、510 和 1022。

8.3.2　减少工人数的赛汝构造的解空间复杂度

对于减少 r 个工人的情况，赛汝构造 $F(W,r)$ 的解的个数为

$$F(W,r) = C_W^r \sum_{J=1}^{W-r} S(W-r,J) \tag{8-10}$$

$S(W-r,J)$ 是分配 $W{-}r$ 个工人到 J 个赛汝的解的个数，等于第二类斯特林[11]。因为一个赛汝系统包括 $J(J=1, 2, \cdots, W{-}r)$ 个赛汝，$\sum_{J=1}^{W-r} S(W-r,J)$ 表示分配 $W{-}r$ 个工人到赛汝系统中解的个数。

结合式（8-9）和式（8-10），对于 W 个工人，减少工人数的赛汝构造 $F(W)$ 的解的个数为

$$F(W) = \sum_{r=1}^{W-1} C_W^r \sum_{J=1}^{W-r} S(W-r,J) \tag{8-11}$$

8.3.3　减少工人数的赛汝调度的解空间复杂度

给定一个赛汝构造，减少工人数的赛汝调度（L）解的个数可以由赛汝构造形成的赛汝数（J）表示。

属性 8.1　给定 J 个赛汝的赛汝构造，未给定调度规则，那么 $L=J^M$。

解释　在赛汝调度中未给定调度规则，任意批次 (M) 可分配到任意赛汝 (J) 中。

显然，赛汝调度是一个 NP 难问题[31]。因此，早期研究使用了先到先服务调度规则或最短加工时间规则。然而，在减少工人数的赛汝调度问题中，不同的调度规则产生不同的解空间的复杂度。文献[28]研究了十个不同调度规则下的赛汝调度的复杂度，分为两个类型：与赛汝序列相关的调度规则和与赛汝序列无关的调度规则。

定义 8.1　RSS 是指与赛汝序列相关的调度规则。

定义 8.2　USS 是指与赛汝序列无关的调度规则。

属性 8.2　在给定 J 个赛汝的赛汝构造问题中，如果使用 RSS 调度规则且 $M<J$，那么 $L=C_J^M P_M^M$。

属性 8.3　在给定 J 个赛汝的赛汝构造问题中，如果使用 RSS 调度规则且 $M\geq J$，那么 $L=J!=P_J^J$。

属性 8.4　在给定 J 个赛汝的赛汝构造问题中，如果使用 USS 调度规则，那么 $L=1$。

解释　USS 是指赛汝序列不影响赛汝调度结果。因此，在给定赛汝构造问题和产品批次时，赛汝调度结果是唯一的。

8.3.4　减少工人数的赛汝生产问题的解空间复杂度

解的总数 $T(W)$ 通过结合减少工人数、赛汝构造及赛汝调度问题的复杂度表示。

定理 8.1　在给定 J 个赛汝的赛汝构造问题中，未给定调度规则，$T(W)=$
$$\sum_{r=1}^{W-1} C_W^r \sum_{J=1}^{W-r} S(W-r,J) \cdot (J^M)。$$

证明　结合式 (8-11) 和属性 8.1。

定理 8.2　在给定 J 个赛汝的赛汝构造问题中，如果使用 RSS 调度规则且 $M<J$，那么 $T(W) = \sum_{r=1}^{W-1} C_W^r \sum_{J=1}^{W-r} S(W-r,J) \cdot (P_J^M)。$

证明　结合式 (8-11) 和属性 8.2。

定理 8.3　在给定 J 个赛汝的赛汝构造问题中，如果使用 RSS 调度规则且 $M\geq J$，那么 $T(W) = \sum_{r=1}^{W-1} C_W^r \sum_{J=1}^{W-r} S(W-r,J) \cdot (P_J^J)。$

证明　结合式 (8-11) 和属性 8.3。

显然，$T(W)$ 随工人数 (W) 呈指数倍增长。文献[9]阐述了在先到先服务调度规则下且 $M\geq J$ 时减少工人数的赛汝生产问题的复杂度。

定理 8.4　在给定 J 个赛汝的赛汝构造问题中，如果使用 RSS 调度规则，那么 $T(W) = \sum_{r=1}^{W-1} C_W^r \sum_{J=1}^{W-r} S(W-r, J)$。

证明　结合式(8-11)和属性 8.4。

8.3.5　不增加完工时间且减少工人数的赛汝生产问题的可行解空间

上述部分阐述了减少工人数的赛汝生产问题的解空间。然而，对于减少工人数但不增加完工时间的情况，解必须考虑完工时间约束条件，即式(8-8)。因此，减少工人数但不增加完工时间问题的解空间一定不大于减少工人数的赛汝生产问题的解空间。

减少工人数的解空间的三个案例如图 8-1～图 8-3 所示，分别表示满足减少工人数、赛汝构造及赛汝调度问题的约束条件的 5～7 个工人的实例情况，分别有 540 个、4682 个和 47292 个解，解由先到先服务调度规则下的穷举算法得出。三个案例的详细数据见 8.5 节。

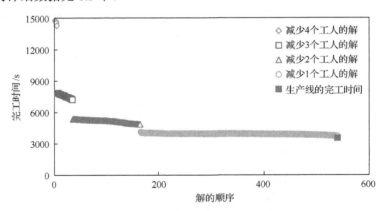

图 8-1　5 个工人情况下减少工人数的解空间

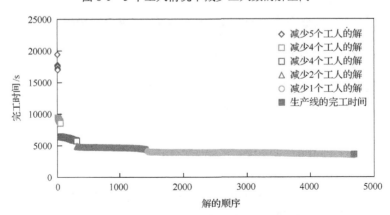

图 8-2　6 个工人情况下减少工人数的解空间

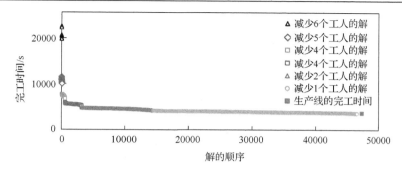

图 8-3 7 个工人情况下减少工人数的解空间

从图 8-1 中可以看到,没有满足完工时间约束条件的解,但是图 8-2 和图 8-3 显示,存在满足完工时间约束条件的解。这意味着赛汝生产可以用来减少工人数且不增加完工时间。

图 8-4 表示在 7 个工人的情况下,满足完工时间约束条件的可行解有 3592 个。图 8-5 表示在 8 个工人的情况下,满足完工时间约束条件的可行解有 65482 个。所有可行解均减少了 1 个工人。

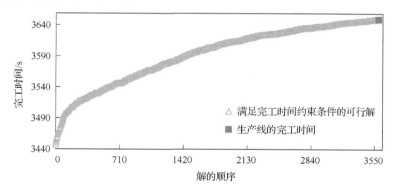

图 8-4 7 个工人情况下满足完工时间约束条件的可行解

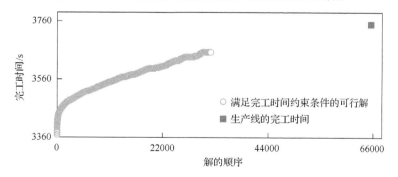

图 8-5 8 个工人情况下满足完工时间约束条件的可行解

由图 8-4 和图 8-5 可得出,满足完工时间约束条件的可行解明显少于减少工人数的解。为了得到减少工人数但不增加完工时间的赛汝生产问题的解空间复杂度的特征，这里定义了 P_FS(proportion feasible solution)，其表达式为

$$P\_FS = \frac{可行解的个数}{解的个数} \times 100\% \tag{8-12}$$

式中，可行解代表满足完工时间约束条件的解；解代表减少工人数的解。

表 8-1 表示工人数为 5～8 时的 P_FS。

表 8-1　不同工人数情况下的 P_FS

工人数	减少工人数的解	满足完工时间约束条件的可行解	P_FS/%
5	540	0	0
6	4682	158	3.4
7	47292	3592	7.6
8	545834	65482	12.0

8.3.6　减少工人数但不增加完工时间的赛汝生产问题的特征

基于上述分析，得到以下特征。

特征 8.1　减少工人数但不增加完工时间的赛汝生产问题是一个 NP 难问题。

解释　减少工人数但不增加完工时间的赛汝生产问题包含了赛汝构造，而赛汝构造是一个 NP 难问题。

特征 8.2　减少工人数但不增加完工时间的赛汝生产问题的解可能会远少于减少工人数的赛汝生产问题的解。

特征 8.3　最优解的数量可能会大于 1。

解释　在图 8-4 中，有 3592 个满足完工时间约束条件的可行解，这些解都有6 个工人，其中任意一个解都是最优解。

特征 8.4　减少工人数但不增加完工时间的赛汝生产问题的可行解通常会减少很少工人(即更多的工人留在赛汝系统中)。

根据特征 8.4，这里提出了从工人数多向工人数少的解空间搜索的精确算法。

特征 8.5　从更少的工人到更多的工人问题中，通过搜索解空间找到的第一个可行解一定是最优的。

定理 8.5 可以证明特征 8.5。根据特征 8.5，这里提出了从工人数少向工人数多的解空间搜索的精确算法。

特征 8.6　减少工人数的解中的工人数是可变的。

解释　如图 8-3 所示，减少工人数的解的工人数可以取 1、2、3、4、5 和 6。因此，这里提出了一个编码长度可变的算法求解大规模实例。

8.4　减少工人数但不增加完工时间的赛汝生产的解法

最小化工人数和完工时间的赛汝生产问题由文献[6]提出的精确双目标算法解决。然而，工人数减少但完工时间增加的 Pareto 最优解是无意义的。因此，提出了精确的单目标算法解决减少工人数但不增加完工时间的赛汝生产问题。

8.4.1　从工人数多向工人数少的解空间搜索的精确算法

根据特征 8.4，这里提出了从工人数多向工人数少的解空间搜索的精确算法。亮点是从工人数多向工人数少的解空间搜索，而不是搜索整个解空间。

对于 W 个工人不增加完工时间且减少工人数的情况，当在 b 个工人的解空间中获得可行解时，算法将在 $b{-}1$ 个工人的解空间中继续寻找可行解。如果算法找不到任何可行解，那么在 b 个工人的解空间中获得的可行解是最优的。该精确算法的基本步骤在算法 8.1 中描述。

算法 8.1　从工人数多向工人数少的解空间搜索的精确算法

输入: W(工人数)

输出: OPT(最优解)

(1) 初始化

　　　OPT←null

　　　b(一个解中的工人数)←$W{-}1$

(2) while ($b \geqslant 1$) do

　　　(2-1) 生成具有 b 个工人的所有解的集合 S

　　　(2-2) if ReducingOneWorker←false

　　　(2-3) for (each $S_i \in S$) do

　　　　　　计算 S_i 的完工时间

　　　　　　if (S_i 的完工时间≤流水生产线完工时间) then

　　　　　　　　OPT←S_i

　　　　　　　　if ReducingOneWorker←true

　　　　　　　　　　break

　　　　　　end if

　　　　end for

　　　(2-4) if (ReducingOneWorker=false) then

　　　　　　break

　　　　else

　　　　　　b←$b{-}1$

　　　　　　　　　end if

　　　　　end while

　　(3)输出 OPT

　　在步骤(1)和(2-4)中，$b \leftarrow W-1$ 和 $b \leftarrow b-1$ 意味着从更多工人向更少工人的解空间搜索。

　　步骤(2-3)是指在 b 个工人的解空间中搜索可行解。

　　步骤(2-4)是判断减少 1 个工人是否可以不增加完工时间，如果不可以，输出 OPT；否则，继续在 $b-1$ 个工人的解空间中进行搜索。

　　该算法的最差计算复杂度可能非常高，因为工人数量多的解空间较大。表 8-2 显示了有 5~9 个工人的解的复杂度。

表 8-2　5~9 个工人的解的复杂度

工人数	b 个工人的解空间复杂度							
	1	2	3	4	5	6	7	8
5	5	30	130	375				
6	6	45	260	1125	3246			
7	7	63	455	2625	11361	32781		
8	8	84	728	5250	30296	131124	378344	
9	9	108	1092	9450	68166	393372	1702548	4912515

　　对于 8 个工人减少 1 个工人，该精确算法的最差计算复杂度为 494007=443987+131124，其中，443987=378344−65482+1，378344 是减少 1 个工人的解个数，65482 是减少 1 个工人数的可行解个数；131124 是减少 2 个工人数的解个数。

　　对于减少 r 个工人的 W 个工人的案例中，精确算法的最差次数为

$$\sum_{l=1}^{r}\left(C_W^{W-l}\sum_{J=1}^{W-l}S(W-l,J)-f_{W-l}+1\right)+C_W^{W-(r-1)}\sum_{J=1}^{W-(r-1)}S(W-(r-1),J) \quad (8\text{-}13)$$

式中，f_{W-l} 为 $W-l$ 个工人的可行解个数；$C_W^{W-l}\sum\limits_{J=1}^{W-l}S(W-l,J)-f_{W-l}+1$ 为 $W-l$ 个工人的搜索解空间的最差计算复杂度。式(8-13)说明减少超过 1 个工人的最差计算复杂度一定会很高。因此，这里提出了另一个精确算法。

8.4.2　从工人数少向工人数多的解空间搜索的精确算法

　　该精确算法的亮点是从较少工人向较多工人的解空间搜索。

　　对于 W 个工人，减少工人数但不增加完工时间，算法首先搜索有 1 个工人的

解空间。如果可以获得一个可行解，那么可行解是最优的，且减少 $W–1$ 个工人；否则，算法继续搜索 2 个工人的解空间。如果首先获得的可行解有 b 个工人，那么减少 $W–b$ 个工人且不增加完工时间。该精确算法的基本步骤在算法 8.2 中描述。

算法 8.2　从工人数少向工人数多的解空间搜索的精确算法

输入: W(工人数)

输出: OPT(最优解)

(1)初始化

　　　　OPT←null

　　　　b(一个解中的工人数)←1

(2)while($b<W$) do

　　　　(2-1) 生成 b 个工人的解集 S

　　　　(2-2) if FoundOptimalSolution←false

　　　　(2-3) for(each $S_i \in S$) do

　　　　　　　　计算 S_i 的完工时间

　　　　　　　　if(S_i 的完工时间≤流水生产线的完工时间) then

　　　　　　　　　　　OPT←S_i

　　　　　　　　　　　if FoundOptimalSolution←true

　　　　　　　　　　　　　break

　　　　　　　　　　　end if

　　　　　　　　end for

　　　　(2-4) if(FoundOptimalSolution=true) then

　　　　　　　　break

　　　　　　　else

　　　　　　　　$b←b+1$

　　　　　　　end if

　　　end while

(3)输出 OPT

在步骤(1)和步骤(2-4)中，$b←1$ 和 $b←b+1$ 意味着从较少工人向较多工人的解空间搜索。

步骤(2-3)是指在 b 个工人的解空间中搜索可行解。第一个可行解是最优解(见定理 8.5)，因此循环中断并进入步骤(2-4)。

步骤(2-4)是判断完工时间是否小于流水生产线的完工时间。若是，则输出 OPT；否则，继续在 $b+1$ 个工人的解空间中进行搜索。

定理 8.5　　通过从较少工人到较多工人的解空间搜索,算法所得到的解一定是最优的。

证明　　因为解空间是从较少工人向较多工人搜索得到的,在所获得的解中工人数一定是所有可行解中最小的。而且,解的完工时间一定是少于流水生产线的完工时间。因此,解一定是最优解中的一个。

对于在 W 个工人中减少 r 个工人的案例,通过精确算法搜索从较少工人向较多工人的解空间的最差计算复杂度表示为

$$\sum_{l=1}^{W-r-1} C_W^l \sum_{J=1}^{l} S(l,J) + \left(C_W^{W-r} \sum_{J=1}^{W-r} S(W-r,J) - f_{W-r} + 1 \right) \tag{8-14}$$

8.4.3　求解大规模实例的变长度编码启发式算法

为了解决大规模实例的问题,这里根据特征 8.6 提出了一个变长度编码启发式(variable-length encoding heuristic,VLEH)算法。

1)不减少工人数的赛汝生产系统的解表示

文献[8]提出了一个序列编码方法来表示不减少工人数的赛汝构造,W 个工人的解由 $2W-1$ 个元素的序列表示。若元素不大于 W,则该元素表示工人 ID;若元素大于 W,则该元素表示赛汝间的分隔符。两个分隔符固定在序列的开始位置和结束位置。若在两个分隔符之间至少有 1 个工人,则形成一个赛汝。下面是 6 个工人 2 个解的例子。

解 1:1 7 2 8 3 9 4 10 5 11 6

解 2:1 3 8 7 6 4 5 9 10 11 2

在这两个解中,7、8、9、10 和 11 是分隔符。因此,在解 1 中,存在 6 个赛汝:工人 1 在赛汝 1 中,工人 2 在赛汝 2 中,工人 3 在赛汝 3 中,工人 4 在赛汝 4 中,工人 5 在赛汝 5 中,工人 6 在赛汝 6 中;在解 2 中,存在 3 个赛汝:工人 1 和 3 在赛汝 1 中,工人 6、4 和 5 在赛汝 2 中,工人 2 在赛汝 3 中。因此,两个解可以表示为

解 1:{{1},{2},{3},{4},{5},{6}}

解 2:{{1,3},{6,4,5},{2}}

2)减少工人数的变长度编码的解表示

基于上述方法,对于 W 个工人,使用一个长度小于 $2W-1$ 的序列来表示减少的工人数。在序列中,代表工人元素的数量(ne)小于 W。因此,序列意味着 $W-ne$ 个工人的减少。

定义 8.3(用于减少工人数的变长度编码的解)　　用于减少工人数的变长度编码的解是一个序列,其中一个或多个表示工人的元素被删掉。

例如，下面给出减少 1 个、2 个、3 个、4 个和 5 个工人的变长度编码的解。

变长度编码的解 1：7 2 8 3 9 4 10 5 11 6

变长度编码的解 2：1 7 8 9 4 10 5 11 6

变长度编码的解 3：1 7 2 8 9 10 5 11

变长度编码的解 4：1 7 8 9 10 11 6

变长度编码的解 5：7 8 9 4 10 11

变长度编码用于产生初始解。为了进一步找到有较少工人的可行解，这里提出了一种在给定的变长度编码解中减少 1 个工人的方法。

定义 8.4（减少 1 个工人）　在给定的解中减少 1 个工人的方法是：任何代表工人的元素都被移除。

对于案例的解"7 2 8 3 9 4 10 5 11 6"的情况，即"{{2},{3},{4},{5},{6}}"，减少 1 个工人的两个解表示如下，分别表示减少 2 个和 3 个工人的情况。

减少 1 个工人的解 1：7 8 3 9 4 10 5 11 6

减少 1 个工人的解 2：7 2 8 9 4 10 5 11 6

3）寻找更好完工时间的方法

定义 8.5（寻找更好完工时间的邻域）　用于搜索更好完工时间的邻域是交换给定解序列中两个不同的元素。

根据解的表示，序列中近一半的元素是分隔符。因此，若两个元素是分隔符，则定义 8.5 所生成的邻域与初始邻域相同。另外，如果这两个元素是一个赛汝的工人，那么产生的邻域也和初始邻域相同。为此，这里采用搜索更好完工时间的改进邻域策略。

定义 8.6（搜索更好完工时间的改进邻域策略）　搜索更好完工时间的改进邻域是将表示工人的元素与不在该赛汝中的任意元素交换。

例如"3 8 7 6 4 5 9 10 11 2"，元素 8、7、9、10 和 11 代表分隔符，元素 3、6、4、5 和 2 代表工人。该解中，即{{3}，{6,4,5}，{2}}意味着工人 1 已经减少。根据定义 8.6，工人 3 和工人 2 可以与其他任意元素交换，但是工人 6、4 和 5 可以分别与除了 4 和 5，6 和 5 及 6 和 4 之外的其他元素交换。

4）变长度编码启发式算法的流程

变长度编码启发式算法首先产生基于变长度编码的初始解的集合(S)。对于每个初始解(S_i)，变长度编码启发式算法通过基于定义 8.6 的 S_i 的局部搜索来获得具有最佳完工时间的邻域作为新的 S_i。因此，对于每一个 S_i，变长度编码启发式算法通过基于定义 8.4 的邻域搜索来获得新的 S_i。随后，变长度编码启发式算法通过基于定义 8.2 的邻域搜索来获得 S_b。如果 S_b 比 S_i 好，那么将 S_i 设为 S_b，继续搜索。图 8-6 描述了变长度编码启发式算法流程。

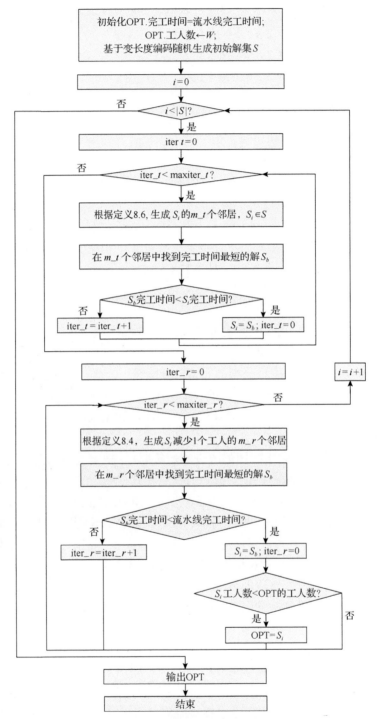

图 8-6 变长度编码启发式算法流程

8.5　实　验　结　果

使用的实验数据来源于文献[8]，除了 $\eta_i=15$，本节还增加了一些数据来测试更大规模的实例。文献[8]中的表 2 和表 4 分别添加了 5 个工人(即工人 11～15)，影响多能工 ε_i 技能水平的系数和多能工 β_{ni} 的技能水平数据分别如表 8-3 和表 8-4 所示。

表 8-3　影响多能工 ε_i 技能水平的系数[8]

工人数	1	2	3	4	5	6	7	8
ε_i	0.18	0.19	0.2	0.21	0.2	0.2	0.2	0.22
工人数	9	10	11	12	13	14	15	
ε_i	0.19	0.19	0.18	0.23	0.24	0.22	0.16	

表 8-4　多能工 β_{ni} 的技能水平数据[8]

工人	产品 1	产品 2	产品 3	产品 4	产品 5
1	1.02	1.05	1.1	1.05	1.13
2	1.09	1.15	1.16	1.24	1.29
3	0.96	0.98	1.06	1.16	1.22
4	0.94	0.99	1.1	1.09	1.1
5	0.96	1.1	1.08	1.07	1.23
6	0.92	0.97	1.12	0.99	1.2
7	1.1	1.13	1.13	1.22	1.27
8	0.98	1.08	1.06	1.3	1.16
9	1.03	1.03	1.13	1.25	1.11
10	0.97	1.14	1.2	1.21	1.22
11	1.04	1.1	1.03	1.12	1.19
12	0.95	1.05	0.99	1.2	1.22
13	0.92	0.98	1.13	1.03	1.27
14	1.08	1.09	1.09	1.18	1.14
15	1.06	1	1.13	1.08	1.19

对于 W 个工人的实例，使用的数据为文献[8]中表 1 和表 5 的全部数据，以及本章表 8-3 和表 8-4 的前 W 列数据。

8.5.1　两种精确算法和变长度编码启发式算法的性能

重复运行 5 次变长度编码启发式算法求解下列实例。表 8-5 列出了变长度编码启发式算法与两种精确算法的性能比较。

表 8-5 变长度编码启发式算法与两种精确算法的性能比较

流水生产线		两种精确算法				变长度编码启发式算法		
W	完工时间/s	WR	完工时间/s	算法 1 运行时间/s	算法 2 运行时间/s	WR	完工时间/s	运行时间/s
6	3581	1	3469	6.5	8.1	1	3499	17.5
7	3649	1	3447	17.5	9.4	1	3473	19.0
8	3748	1	3368	89.6	21.3	1	3417	22.0
9	3809	2	3780	540	90.8	2	3790	26.9
10	3896	—	—	—	—	2	3748	28.0
11	3955	—	—	—	—	2	3647	30.9
12	4013	—	—	—	—	3	3975	37.7
13	4071	—	—	—	—	3	3868	41.4
14	4131	—	—	—	—	3	3830	44.0
15	4190	—	—	—	—	4	4122	47.5

注：WR 表示在不增加完工时间的情况下，通过赛汝生产系统减少的工人数；算法 1 是从较多工人向较少工人的解空间搜索的精确算法；算法 2 是从较少工人向较多工人的解空间搜索的精确算法。

从表 8-5 中不超过 9 个工人的实例可以看出，变长度编码启发式算法的 WR 与两种精确算法的 WR 相同，而且变长度编码启发式算法和两种精确算法之间的完工时间差距不大。例如，在有 8 个工人的情况下，最大差距约为 1.4%[（3417－3368）/3417≈1.4%]。然而，变长度编码启发式算法的运行时间要比两种精确算法少得多，尤其是在工人数较多的情况下。除此之外，工人数越多，算法 2 的优势相比算法 1 越明显，因为算法 2 不需要搜索更多工人的解。另外，对于 9 个工人以上的情况，这两种精确算法是无法解决的，但提出的变长度编码启发式算法可以在合理的时间内解决。

8.5.2 大规模实例的计算结果

重复运行 5 次变长度编码启发式算法来解决 12 个工人的情况，分别减少 1 个、2 个和 3 个工人，结果如表 8-6～表 8-8 所示。对于有 12 个工人的实例，减少 3 个工人而不增加完工时间的问题没有解。

表 8-6 减少 1 个工人而不增加完工时间的 12 个工人案例的五个最优解

No.	Makespan	Solution
1	3269.468	{{12,6,11,3,4},{8,7,10,5,1,9}}
2	3287.660	{{12,6,11,3,4},{2,7,10,5,1,9}}
3	3295.144	{{2,4},{10,1,9},{5,3,8,11,12},{6}}
4	3302.872	{{3,8,11,9,12,4,1,5},{7,6,2}}
5	3305.224	{{12,6,11,7,4,1,3,5},{8,10,9}}

注：No.为最优解序号；Makespan 为 Solution 对应的完工时间；Solution 为通过已提出的变长度编码启发式算法得到的最优解，下同。

表 8-7　减少 2 个工人而不增加完工时间的 12 个工人案例的五个最优解

No.	Makespan/s	Solution
1	3577.753	{{11},{1,5,4,3,6},{7,8,10,12}}
2	3595.455	{{11,9},{1,5,4,3,6},{7,10,12}}
3	3597.484	{{11,9},{1,5,4,3,6},{7,8,12}}
4	3597.484	{{11,9},{1,5,4,3,6},{8,10,12}}
5	3621.732	{{12},{3,11},{4,8},{1,5,6},{7,10}}

表 8-8　减少 3 个工人而不增加完工时间的 12 个工人案例的五个最优解

No.	Makespan/s	Solution
1	3968.370	{{4,8,1,6,11,5},{3,9,12}}
2	3974.318	{{12,4,6,3},{11,2,9,1,8}}
3	3974.318	{{12,4,6,3},{11,2,9,10,1}}
4	3975.881	{{11},{6,1,3,5,4},{12,8,10}}
5	3979.512	{{12,4,6,3},{11,2,10,1,8}}

8.5.3　讨论

使用 dMakespan 来评价通过赛汝生产方式可以改善多少完工时间。

$$dMakespan = 流水生产线完工时间 - 赛汝生产的完工时间$$

显然，如果 dMakespan＞0，那么赛汝系统的完工时间要优于流水生产线的完工时间。

图 8-7 表示赛汝生产中减少工人数的 dMakespan。从图中可以看出：

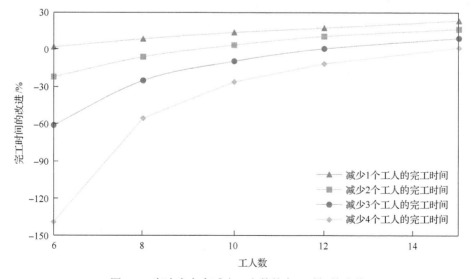

图 8-7　赛汝生产中减少工人数的完工时间的改善

(1)赛汝生产可以在不增加完工时间的情况下减少工人。在图 8-7 中，如果 dMakespan＞0，那么至少有 1 个工人被减少而不增加完工时间。

(2)dMakespan 随着工人数的增加而增加。例如，6 个、8 个、10 个、12 个和 15 个工人中减少 1 个工人的 dMakespan 分别为 2.3%、8.8%、14.0%、18.7%和 23.5%。这意味着减少工人的可能性随着工人数的增加而增加。

对于减少 2 个工人，只有 10 个、12 个和 15 个工人的情况下，dMakespan＞0。这意味着在不增加完工时间的情况下，有 6 个和 8 个工人时不能减少 2 个工人。在 6 个、8 个、10 个、12 个和 15 个工人的情况下，减少 2 个工人的 dMakespan 分别为–21.8%、–5.7%、3.8%、10.9%和 16.7%。

(3)技能水平最差的工人在不增加完工时间的情况下被减少的可能性较高。

例如，在表 8-6 中，减少的 1 个工人分别是 2、8、7、10 和 2。从表 8-4 中可以很容易地观察到，工人 8 对产品 4 的技能最差、工人 10 对产品 3 的技能最差。另外，根据表 8-4 可以得到产品组合的工人技能水平数据，如表 8-9 所示。从表 8-9 中可以看出，对于产品组合{1,2,3,4,5}，工人 2 的技能水平最差，而且对于产品组合{1,3,4,5}，除了工人 2 外，工人 7 的技能水平最差。

表 8-9　产品组合的工人技能水平数据

工人	产品组合		
	{2,5}	{1,3,4,5}	{1,2,3,4,5}
1	2.18	4.3	5.35
2	2.44	4.78	5.93
3	2.2	4.4	5.38
4	1.99	4.13	5.12
5	2.33	4.34	5.44
6	2.17	4.23	5.2
7	2.4	4.72	5.85
8	2.24	4.5	5.58
9	2.14	4.52	5.55
10	2.36	4.6	5.74
11	2.29	4.38	5.48
12	2.27	4.36	5.41
13	2.25	4.35	5.33
14	2.23	4.49	5.58
15	2.19	4.46	5.46

在表 8-7 中，减少的 2 个工人分别为{2,9}、{2,8}、{2,10}、{2,7}和{2,9}。显

然，在任何解中，工人 2 都会减少。另外，除工人 2、7 和 10 外（见表 8-9），工人 9 对产品组合 {1,3,4,5} 的技能最差。因此，减少的两个工人可能是 2 个技能较差的工人组合。

在表 8-8 中，减少的 3 个工人分别为 {2,7,10}、{5,7,10}、{5,7,9}、{2,7,9} 和 {5,7,9}。从表 8-9 可以看出，除工人 2、7 和 10 外，工人 5 对产品组合 {2,5} 的技能最差。另外，减少的 3 个工人可能是 3 个技能较差的工人组合。

8.6　本 章 小 结

本章首先在不增加完工时间的情况下，构建了一个通过赛汝生产减少工人数的模型。其次，阐明了解空间的复杂度和特点、NP 难问题的特性及可行解的可变长度等特点。另外，基于不同的问题，开发了两种精确算法来解决中小规模的实例，通过搜索一部分解空间以获得最优解。根据可行解的长度可变性，提出了一种新的大规模实例的变长度编码启发式算法。最后，做出一些管理上的解释，例如，如何减少工人而不增加赛汝生产中的完工时间[12]。

参 考 文 献

[1] Stecke K E, Yin Y, Kaku I. Seru: The organizational extension of JIT for a super-talent factory[J]. International Journal of Strategic Decision Sciences, 2012, 3(1): 105-118.

[2] Yin Y, Kaku I, Stecke K E. The evolution of Seru production systems throughout Canon[J]. Operations Management Education Review, 2008, 2: 35-39.

[3] Pérez M P, Bedia A M S, Fernández M C L. A review of manufacturing flexibility: Systematising the concept[J]. International Journal of Production Research, 2016, 54(10): 1-16.

[4] Kaku I, Gong J, Tang J F, et al. Modeling and numerical analysis of line-cell conversion problems[J]. International Journal of Production Research, 2009, 47(8): 2055-2078.

[5] Johnson D J. Converting assembly lines to assembly cells at sheet metal products: Insights on performance improvements[J]. International Journal of Production Research, 2005, 43(7): 1483-1509.

[6] Yu Y, Tang J F, Sun W, et al. Reducing worker(s) by converting assembly line into a pure cell system[J]. International Journal of Production Economics, 2013, 145(2): 799-806.

[7] Yu Y, Gong J, Tang J F, et al. How to do assembly line-cell conversion? A discussion based on factor analysis of system performance improvements[J]. International Journal of Production Research, 2012, 50(18): 5259-5280.

[8] Yu Y, Tang J F, Gong J, et al. Mathematical analysis and solutions for multi-objective line-cell conversion problem[J]. European Journal of Operational Research, 2014, 236(2): 774-786.

[9] Yu Y, Wang S H, Tang J F, et al. Complexity of line-Seru conversion for different scheduling rules and two improved exact algorithms for the multi-objective optimization[J]. SpringerPlus, 2016, 5 (1): 1-26.

[10] Sun W, Li Q, Huo C, et al. Formulations, features of solution space, and algorithms for line-pure Seru system conversion[J]. Mathematical Problems in Engineering, 2016, (1): 1-14.

[11] Rennie B C, Dobson A J. On stirling numbers of the second kind[J]. Journal of Combinatorial Theory, 1969, 7 (2): 116-121.

[12] Yu Y, Sun W, Tang J F, et al. Line-Seru conversion towards reducing worker (s) without increasing makespan: models, exact and meta-heuristic solutions[J]. International Journal of Production Research, 2017, 55 (10): 2990-3007.

第 9 章　纯赛汝系统的平衡性问题

赛汝生产可以通过工人重组提高工人的工作负载平衡性，从而减少生产成本、工时和人力。因此，本章重点研究赛汝系统平衡性的基本原理。对于一个赛汝，定义并量化赛汝内平衡(Seru balancing, SB)，赛汝内平衡描述赛汝中工人的工作负载平衡。对于包含多个赛汝的赛汝系统，需要从所有工人的工作负载平衡和所有赛汝之间的工作负载平衡来评估赛汝系统的平衡性。因此，定义并量化赛汝系统内部平衡(intra Seru system balancing, Intra-SSB)和赛汝系统间平衡(inter Seru system balancing, Inter-SSB)来分别评估上述两个平衡性，从理论上分别给出 Intra-SSB 和 Inter-SSB 的上界和下界。另外，将赛汝系统平衡问题(Seru system balancing problem, SSBP)定义为一个双目标模型，即同时最大化 Intra-SSB 和 Inter-SSB，分析赛汝系统平衡问题的解空间性质。为赛汝系统平衡问题开发了基于 ε-约束的改进精确算法，该算法在执行 ε-约束法之前，削减了非 Pareto 最优解，节省了运行时间。

9.1　引　　言

生产线平衡是生产系统(如流水生产线生产方式和丰田生产方式)的关键性能指标。一个好的生产线平衡可以通过平衡生产线的工作负载和工艺时间，减少劳动力空闲，以此提高生产系统效率。流水生产线生产方式是福特汽车公司引进的历史上最重要的生产系统之一，得到了众多工程师和学者的认可和赞赏。自 1913 年福特发明了第一条革命性的汽车装配流水生产线，即 T 形车流水生产线以来，流水生产线生产方式便用于大规模生产。丰田生产方式集成了准时制和自动化，广泛应用于汽车生产行业。丰田生产方式组装了品种相似的产品，以满足多样化的客户需求。

如今的市场具有以下特征：产品生命周期短，产品类型不确定[1]，产量波动大[2]。传统的流水生产线是为标准化产品的大批量生产而开发的，不适用于动荡的市场，而赛汝生产是为了应对动荡的市场而开发的[2,3]。赛汝生产是基于至少一个赛汝系统实现的，赛汝系统是一个比传送带流水生产线更高效、更灵活的系统，因为它结合了丰田的精益理念和索尼的一人生产组织的优势。赛汝系统至少包含一个赛汝，赛汝是灵活的，因为赛汝系统中的工人是多能工，可以执行多个任务、处理多个产品。赛汝生产有很多好处，如减少生产周期、准备时间、所需劳动力、在制品库存、成品库存、成本和空间[2,4]。

9.2　文　献　综　述

9.2.1　流水生产线平衡和 TPS 平衡

通过改进流水生产线的平衡，可以大大提高生产效率。文献[5]定义了流水生产线平衡。流水生产线平衡是指在工作站安排单独的加工和装配任务，使每个工作站所需的总时间大致相同[6]。通过达到良好的流水生产线平衡，可以将总松弛度降低到最优水平，使流水生产线更有效地工作。文献[7]提出的流水生产线平衡问题包含了寻求支持这个决策过程的优化模型。

文献[8]将流水生产线平衡问题分为两类：简单流水生产线平衡问题和一般流水生产线平衡问题。文献[5]建立了求解流水生产线平衡问题的简化数学模型。文献[8]对流水生产线平衡问题进行了分类：①最小化给定循环周期内的工序点数量；②最小化给定工序点数量下的循环周期[9]；③通过同时最小化工序点数量和循环周期来最大化流水生产线效率。流水生产线平衡表示为：流水生产线平衡 = 所有工序时间之和 / (工序点数 × 循环周期)[10]；④在给定工序点数量和循环周期的情况下找到可行的平衡。此外，文献[6]回顾了求解流水生产线平衡问题的精确算法。文献[11]提出了一个分支定界算法，以解决简单的流水生产线平衡中的生产率最大化问题。文献[12]和[13]研究了求解流水生产线平衡问题的精确算法和启发式算法。文献[14]以流水生产线平衡问题为例，提出了解决算法的系统数据生成和测试方法。文献[15]为简单的流水生产线平衡设计了有效的优先级规则。文献[16]建立了不确定需求下时间和空间的鲁棒流水生产线平衡的多目标模型，并开发了进化算法进行求解。其他研究考虑了流水生产线平衡的一些实际问题，如加工备选方案[17]、平行工位、双边流水生产线、U 形流水生产线[18]和双边 U 形流水生产线，称为总装线平衡。文献[8]综述了总装线平衡问题，包括数学模型、约束计算、精确解和启发式解。文献[19]提出了一个总装线平衡的简化方法。此外，文献[20]提出了一种不确定需求下拆卸生产线平衡问题的近似方法。

在准时制中，实现过程中要考虑平衡问题。文献[21]描述了准时制的平衡问题。在准时制实施的最初阶段，重点是消除库存浪费和避免工作负载失衡。随后，重点是通过微调生产线上的工作负载平衡来消除劳动浪费。文献[22]对汽车准时制系统进行了案例研究，他们提出了一种控制方法来调整维护优先级规则和初始缓冲以平衡系统。

9.2.2　赛汝生产

赛汝生产是一种新型的生产系统，目前尚未对其平衡问题进行研究。

赛汝生产具备精简性和敏捷性。赛汝是一个装配单元，包括几个简单的设备和一个或多个多技能工人。工人经过交叉培训[23]，在赛汝中执行大部分或全部任务。

赛汝系统包含一个或多个赛汝，赛汝系统通过对工人的重组可以获得比流水生产线更好的性能。文献[2]和[4]详细介绍了赛汝系统及其管理机制，文献[2]指出，赛汝具有高灵活性、低库存和良好的工人工作积极性。此外，赛汝生产可以减少完工时间、生产提前期、工人数、成本和工作空间。赛汝系统已成功应用于索尼、佳能、松下、NEC、富士通、夏普、三洋等日本企业。

文献[24]建立了流水生产线-赛汝转换的数学模型，他们利用这个模型来说明赛汝系统可以获得比流水生产线更短的完工时间。文献[24]～[26]使用完工时间和总劳动时间来评价赛汝系统的效率。

然而，以往的研究并没有探究为何可以通过赛汝生产来减少完工时间、总劳动时间和工人数。事实上，赛汝生产通过工人重组降低了瓶颈工人（技能最差的工人）的影响。因此，需要研究赛汝系统的平衡问题。

9.3　赛汝系统平衡性的定义和公式

9.3.1　赛汝内平衡和赛汝系统平衡的定义和公式

图 9-1 描述了一个巡回式赛汝的实例。对于赛汝，应该评估赛汝中 2 个工人间的工作负载平衡。因此，这里给出了赛汝内平衡。

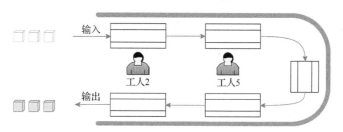

图 9-1　巡回式赛汝的一个实例

定义 9.1　赛汝内平衡用于评估一个赛汝内工人间的工作负载平衡。

对于 W 个工人装配批次 m 的赛汝，$\text{SB\_}m$ 计算方法为

$$\text{SB\_}m = \frac{\sum\limits_{i=1}^{W} T_{mi}}{\max\limits_{i}(T_{mi}) \cdot W}, \quad \forall m \tag{9-1}$$

式中，$\sum\limits_{i=1}^{W} T_{mi}$ 为加工批次 m 的赛汝中所有工人的工序加工时间之和；$\max\limits_{i}(T_{mi})$ 为加工批次 m 的赛汝中最大工序加工时间；W 为赛汝中的工人数。

对于装配 M 个批次、有 W 个工人的赛汝，赛汝内平衡是通过 M 个批次的平均平衡来计算的，计算公式为

$$SB = \frac{1}{M} \sum_{m=1}^{M} \frac{\sum_{i=1}^{W} T_{mi}}{\max_i (T_{mi}) \cdot W} \tag{9-2}$$

然而，赛汝系统是由一个或多个赛汝组成的。图 9-2 给出了赛汝系统的一个例子，包括两个赛汝。

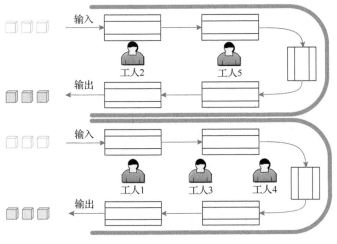

图 9-2　赛汝系统的一个例子

定义 9.2　Intra-SSB 用于评估赛汝系统内所有工人的工作负载平衡。

对于含有 J 个赛汝的赛汝系统，Intra-SSB 由赛汝系统中所有赛汝的平均赛汝内平衡计算，公式为

$$\text{Intra-SSB} = \frac{1}{J} \sum_{j=1}^{J} \frac{\sum_{m=1}^{M} \frac{\sum_{i=1}^{W} \sum_{k=1}^{M} T_{mi} X_{ij} Z_{mjk}}{\max_i \left(\sum_{k=1}^{M} T_{mi} X_{ij} Z_{mjk} \right) \cdot \sum_{i=1}^{W} X_{ij}}}{\sum_{m=1}^{M} \sum_{k=1}^{M} Z_{mjk}} \tag{9-3}$$

式中，$\dfrac{\sum\limits_{m=1}^{M} \dfrac{\sum\limits_{i=1}^{W} \sum\limits_{k=1}^{M} T_{mi} X_{ij} Z_{mjk}}{\max\limits_i \left(\sum\limits_{k=1}^{M} T_{mi} X_{ij} Z_{mjk} \right) \cdot \sum\limits_{i=1}^{W} X_{ij}}}{\sum\limits_{m=1}^{M} \sum\limits_{k=1}^{M} Z_{mjk}}$ 表示赛汝 j 的赛汝内平衡；$\sum\limits_{m=1}^{M} \sum\limits_{k=1}^{M} Z_{mjk}$ 为赛汝

j 加工的批次数；$\dfrac{\displaystyle\sum_{i=1}^{W}\sum_{k=1}^{M}T_{mi}X_{ij}Z_{mjk}}{\displaystyle\max_i\left(\sum_{k=1}^{M}T_{mi}X_{ij}Z_{mjk}\right)\cdot\sum_{i=1}^{W}X_{ij}}$ 表示赛汝 j 加工批次 m 的平衡；

$\displaystyle\sum_{i=1}^{W}\sum_{k=1}^{M}T_{mi}X_{ij}Z_{mjk}$ 为加工批次 m 的赛汝 j 中所有工人的工序加工时间之和；

$\displaystyle\max_i\left(\sum_{k=1}^{M}T_{mi}X_{ij}Z_{mjk}\right)$ 为加工批次 m 的赛汝 j 中最大工序加工时间；$\displaystyle\sum_{i=1}^{W}X_{ij}$ 为赛汝 j

中的工人数。

定义 9.3　Inter-SSB 用于评估赛汝系统中赛汝间的工作负载平衡。

对于有 J 个赛汝的赛汝系统，Inter-SSB 计算公式为

$$\text{Inter-SSB}=\frac{\displaystyle\sum_{j=1}^{J}\text{Makespan}_j}{J\cdot\text{maxMakespan}} \tag{9-4}$$

式中，Makespan_j 为赛汝 j 的完工时间；maxMakespan 为赛汝系统中最大的赛汝完工时间。

$$\text{Makespan}_j=\sum_{m=1}^{M}(\text{FSB}_m+\text{FS}_m+\text{SS}_m)\,|\,Z_{mjk}=1,\quad\forall j \tag{9-5}$$

9.3.2　赛汝系统内部平衡和赛汝系统间平衡的下界和上界

本节推导了 Intra-SSB 和 Inter-SSB 的理论下界和上界。

定理 9.1　Intra-SSB 的上界是 1。

证明　显然

$$\sum_{k=1}^{M}T_{mi}X_{ij}Z_{mjk}\leqslant\max_i\left(\sum_{k=1}^{M}T_{mi}X_{ij}Z_{mjk}\right)$$

因此

$$\sum_{i=1}^{W}\sum_{k=1}^{M}T_{mi}X_{ij}Z_{mjk}\leqslant\max_i\left(\sum_{k=1}^{M}T_{mi}X_{ij}Z_{mjk}\right)\cdot\sum_{i=1}^{W}X_{ij}$$

所以

$$\frac{\displaystyle\sum_{i=1}^{W}\sum_{k=1}^{M}T_{mi}X_{ij}Z_{mjk}}{\displaystyle\max_i\left(\sum_{k=1}^{M}T_{mi}X_{ij}Z_{mjk}\right)\cdot\sum_{i=1}^{W}X_{ij}}\leqslant1,\quad\forall m,j$$

即对于加工任意批次 m 的任一个赛汝 j，赛汝平衡系数最多为 1。因此，对于加工 $\sum\limits_{m=1}^{M}\sum\limits_{k=1}^{M}Z_{mjk}$ 个批次的任一赛汝 j，有

$$\sum_{m=1}^{M}\frac{\sum\limits_{i=1}^{W}\sum\limits_{k=1}^{M}T_{mi}X_{ij}Z_{mjk}}{\max\limits_{i}\left(\sum\limits_{k=1}^{M}T_{mi}X_{ij}Z_{mjk}\right)\cdot\sum\limits_{i=1}^{W}X_{ij}}\leqslant\sum_{m=1}^{M}\sum_{k=1}^{M}Z_{mjk},\quad\forall j$$

因此

$$\frac{\sum\limits_{m=1}^{M}\dfrac{\sum\limits_{i=1}^{W}\sum\limits_{k=1}^{M}T_{mi}X_{ij}Z_{mjk}}{\max\limits_{i}\left(\sum\limits_{k=1}^{M}T_{mi}X_{ij}Z_{mjk}\right)\cdot\sum\limits_{i=1}^{W}X_{ij}}}{\sum\limits_{m=1}^{M}\sum\limits_{k=1}^{M}Z_{mjk}}\leqslant1,\quad\forall j$$

$$\sum_{j=1}^{J}\frac{\sum\limits_{m=1}^{M}\dfrac{\sum\limits_{i=1}^{W}\sum\limits_{k=1}^{M}T_{mi}X_{ij}Z_{mjk}}{\max\limits_{i}\left(\sum\limits_{k=1}^{M}T_{mi}X_{ij}Z_{mjk}\right)\cdot\sum\limits_{i=1}^{W}X_{ij}}}{\sum\limits_{m=1}^{M}\sum\limits_{k=1}^{M}Z_{mjk}}\leqslant J$$

所以 Intra-SSB 的上界也是 1，即

$$\frac{1}{J}\sum_{j=1}^{J}\frac{\sum\limits_{m=1}^{M}\dfrac{\sum\limits_{i=1}^{W}\sum\limits_{k=1}^{M}T_{mi}X_{ij}Z_{mjk}}{\max\limits_{i}\left(\sum\limits_{k=1}^{M}T_{mi}X_{ij}Z_{mjk}\right)\cdot\sum\limits_{i=1}^{W}X_{ij}}}{\sum\limits_{m=1}^{M}\sum\limits_{k=1}^{M}Z_{mjk}}\leqslant1$$

当在一个赛汝中的工人技能水平完全相同，即 T_{mi} 相同时，Intra-SSB 为 1。

定理 9.2　Intra-SSB 的下界是 $\dfrac{1}{J}\sum\limits_{j=1}^{J}\dfrac{1}{|S_{j}|}$，其中，$|S_{j}|$ 为赛汝 j 内的工人数。

证明　用 $|S_j|=\sum\limits_{i=1}^{W} X_{ij}$ 表示赛汝 j 中的工人数，那么

$$\frac{\sum\limits_{i=1}^{W}\sum\limits_{k=1}^{M} T_{mi} X_{ij} Z_{mjk}}{\max\limits_{i}\left(\sum\limits_{k=1}^{M} T_{mi} X_{ij} Z_{mjk}\right)\cdot\sum\limits_{i=1}^{W} X_{ij}}$$

$$=\frac{1}{|S_j|}\frac{\sum\limits_{i=1}^{W}\sum\limits_{k=1}^{M} T_{mi} X_{ij} Z_{mjk}}{\max\limits_{i}\left(\sum\limits_{k=1}^{M} T_{mi} X_{ij} Z_{mjk}\right)}$$

$$=\frac{1}{|S_j|}\frac{\max\limits_{i}\left(\sum\limits_{k=1}^{M} T_{mi} X_{ij} Z_{mjk}\right)+\sum\limits_{i=1}^{W}\sum\limits_{k=1}^{M} T_{mi} X_{ij} Z_{mjk}-\max\limits_{i}\left(\sum\limits_{k=1}^{M} T_{mi} X_{ij} Z_{mjk}\right)}{\max\limits_{i}\left(\sum\limits_{k=1}^{M} T_{mi} X_{ij} Z_{mjk}\right)}$$

显然

$$\sum\limits_{i=1}^{W}\sum\limits_{k=1}^{M} T_{mi} X_{ij} Z_{mjk}-\max\limits_{i}\left(\sum\limits_{k=1}^{M} T_{mi} X_{ij} Z_{mjk}\right)\geqslant 0$$

因此

$$\frac{\sum\limits_{i=1}^{W}\sum\limits_{k=1}^{M} T_{mi} X_{ij} Z_{mjk}}{\max\limits_{i}\left(\sum\limits_{k=1}^{M} T_{mi} X_{ij} Z_{mjk}\right)\cdot\sum\limits_{i=1}^{W} X_{ij}}\geqslant\frac{1}{|S_j|}$$

这说明对于加工任何批次 m 的任一赛汝 j，赛汝平衡至少是 $\dfrac{1}{|S_j|}$。因此，对于加工任何 $\sum\limits_{m=1}^{M}\sum\limits_{k=1}^{M} Z_{mjk}$ 个批次的赛汝 j，有

$$\sum\limits_{m=1}^{M}\frac{\sum\limits_{i=1}^{W}\sum\limits_{k=1}^{M} T_{mi} X_{ij} Z_{mjk}}{\max\limits_{i}\left(\sum\limits_{k=1}^{M} T_{mi} X_{ij} Z_{mjk}\right)\cdot\sum\limits_{i=1}^{W} X_{ij}}\geqslant\frac{1}{|S_j|}\sum\limits_{m=1}^{M}\sum\limits_{k=1}^{M} Z_{mjk},\quad\forall j$$

因此

$$\sum_{m=1}^{M} \frac{\dfrac{\sum\limits_{i=1}^{W}\sum\limits_{k=1}^{M} T_{mi}X_{ij}Z_{mjk}}{\max\limits_{i}\left(\sum\limits_{k=1}^{M} T_{mi}X_{ij}Z_{mjk}\right)\cdot\sum\limits_{i=1}^{W} X_{ij}}}{\sum\limits_{m=1}^{M}\sum\limits_{k=1}^{M} Z_{mjk}} \geqslant \frac{1}{|S_j|}, \quad \forall j$$

$$\sum_{j=1}^{J} \frac{\sum\limits_{m=1}^{M} \dfrac{\sum\limits_{i=1}^{W}\sum\limits_{k=1}^{M} T_{mi}X_{ij}Z_{mjk}}{\max\limits_{i}\left(\sum\limits_{k=1}^{M} T_{mi}X_{ij}Z_{mjk}\right)\cdot\sum\limits_{i=1}^{W} X_{ij}}}{\sum\limits_{m=1}^{M}\sum\limits_{k=1}^{M} Z_{mjk}} \geqslant \sum_{j=1}^{J}\frac{1}{|S_j|}$$

因此，Intra-SSB 的下界为 $\dfrac{1}{J}\sum\limits_{j=1}^{J}\dfrac{1}{|S_j|}$。

当每个赛汝系统间的工人平衡都最差时，即 $\sum\limits_{i=1}^{W}\sum\limits_{k=1}^{M} T_{mi}X_{ij}Z_{mjk}=\max\limits_{i}\left(\sum\limits_{k=1}^{M} T_{mi}X_{ij}Z_{mjk}\right)$ 时，Intar-SSB 为 $\dfrac{1}{J}\sum\limits_{j=1}^{J}\dfrac{1}{|S_j|}$。

定理 9.3 Inter-SSB 的上界是 1。

证明 显然

$$\mathrm{Makespan}_j \leqslant \mathrm{maxMakespan}, \quad \forall j$$

因此

$$\sum_{j=1}^{J}\mathrm{Makespan}_j \leqslant J\cdot\mathrm{maxMakespan}$$

所以

$$\frac{\sum\limits_{j=1}^{J}\mathrm{Makespan}_j}{J\cdot\mathrm{maxMakespan}} \leqslant 1$$

当所有赛汝的完工时间都相等时，Inter-SSB 为 1。

定理 9.4 Inter-SSB 的下界是 $\dfrac{1}{J}$。

证明 显然

$$\sum_{j=1}^{J}\mathrm{Makespan}_j - \mathrm{maxMakespan} \geqslant 0$$

因此

$$
\frac{\sum\limits_{j=1}^{J}\mathrm{Makespan}_{j}}{J\cdot\mathrm{maxMakespan}}=\frac{1}{J}\frac{\mathrm{maxMakespan}+\left(\sum\limits_{j=1}^{J}\mathrm{Makespan}_{j}-\mathrm{maxMakespan}\right)}{\mathrm{maxMakespan}}
$$

$$
=\frac{1}{J}\left(1+\frac{\sum\limits_{j=1}^{J}\mathrm{Makespan}_{j}-\mathrm{maxMakespan}}{\mathrm{maxMakespan}}\right)
$$

$$
\geqslant\frac{1}{J}
$$

当赛汝系统的平衡性最差时，即 $\sum\limits_{j=1}^{J}\mathrm{Makespan}_{j}=\mathrm{maxMakespan}$ 时，Inter-SSB 为 1。

9.4　赛汝系统平衡问题的定义和模型

9.4.1　赛汝系统平衡问题的定义

定义 9.4　赛汝系统平衡问题的目的是寻求能同时最大化 Intra-SSB 和 Inter-SSB 的赛汝系统。

根据赛汝系统平衡问题的目标，建立了赛汝系统平衡问题的数学模型。显然，这是一个双目标优化模型。

9.4.2　赛汝系统平衡问题的数学模型

赛汝系统平衡问题的双目标优化模型分为目标函数和约束条件两部分。

目标函数：

$$
\max\left(\text{Intra-SSB}\right)=\max\left\{\frac{1}{J}\sum_{j=1}^{J}\frac{\sum\limits_{m=1}^{M}\dfrac{\sum\limits_{i=1}^{W}\sum\limits_{k=1}^{M}T_{mi}X_{ij}Z_{mjk}}{\max\limits_{i}\left(\sum\limits_{k=1}^{M}T_{mi}X_{ij}Z_{mjk}\right)\cdot\sum\limits_{i=1}^{W}X_{ij}}}{\sum\limits_{m=1}^{M}\sum\limits_{k=1}^{M}Z_{mjk}}\right\} \tag{9-6}
$$

$$\max(\text{Inter-SSB}) = \max\left\{ \frac{\displaystyle\sum_{j=1}^{J}\text{Makespan}_j}{J \cdot \text{maxMakespan}} \right\} \tag{9-7}$$

约束条件：

$$\sum_{j=1}^{J}\sum_{i=1}^{W}X_{ij} = W \tag{9-8}$$

$$\sum_{i=1}^{W}X_{ij} \geqslant 1, \quad \forall j \tag{9-9}$$

$$\sum_{m=1}^{M}\sum_{k=1}^{M}Z_{mjk} = 0, \quad \forall j \mid \sum_{i=1}^{W}X_{ij} = 0 \tag{9-10}$$

$$\sum_{m=1}^{M}\sum_{k=1}^{M}Z_{mjk} \leqslant \sum_{m'=1}^{M}\sum_{k'=1}^{M}Z_{(m-1)j'k'}, \quad m = 2,3,\cdots,M \tag{9-11}$$

赛汝系统平衡问题的目标是同时最大化 Intra-SSB 和 Inter-SSB。式(9-8)意味着赛汝系统包括 W 个工人，$\sum_{i=1}^{W}X_{ij}$ 为赛汝 j 中的工人数，因此 $\sum_{j=1}^{J}\sum_{i=1}^{W}X_{ij}$ 为所有赛汝中的工人总数，即总工人数 W。式(9-9)描述了赛汝构造的规则，即每个赛汝至少包含 1 个工人。式(9-10)是赛汝调度约束，即一批产品要分给至少包含 1 个工人的非空赛汝。式(9-11)描述了另一个赛汝调度约束。

9.4.3　赛汝系统平衡问题解空间

赛汝系统平衡问题实际上是两阶段决策过程，第一阶段是赛汝构造，第二阶段是赛汝调度。赛汝构造确定应形成多少个赛汝，如何将工人分配到赛汝中，决策变量是 X_{ij}。

赛汝系统平衡问题的赛汝构造过程是将 W 个工人划分到成对互斥的非空赛汝集合中，是无序集合划分问题的应用实例。集合划分是著名的 NP 难问题。W 个工人的赛汝构造下所有可行解的个数可表示为 $F(W) = \sum_{J=1}^{W}P(W, J)$，$P(W, J)$ 是将 W 个工人分到 J 个赛汝中可行解的个数，可以表示为第二类斯特林。

赛汝调度决定了哪些批次分配给对应的赛汝，由决策变量 Z_{mjk} 确定。给定 J 个赛汝的赛汝构造和 M 个批次，则赛汝调度的可行解个数为 J^M。显然，赛汝调度(著名的 NP 难问题)是调度问题的实例。

因此，赛汝系统平衡问题是一个包含赛汝构造和赛汝调度两个 NP 难问题的复杂问题，赛汝系统平衡问题的解空间中所有可行解的个数是 $T(W) = \sum_{J=1}^{W} P(W, J) \cdot J^M$。

为简化问题且不失一般性，本节采用先到先服务调度规则。先到先服务调度规则应用于很多企业的生产中，赛汝调度的先到先服务调度规则为：①一批产品到达后，分配给具有最小编号的空闲赛汝；②如果所有赛汝都处于忙碌状态，那么该批产品分配给最早完工的赛汝。采用先到先服务调度规则的赛汝系统平衡问题仍然是 NP 难问题，因为它还包含赛汝构造这个 NP 难问题，赛汝系统平衡问题解空间中所有可行解的个数是 $T(W) = \sum_{J=1}^{W} P(W, J) \cdot J!$。$T(W)$ 和 2^W 之间的比较如表 9-1 所示。

表 9-1 $T(W)$ 和 2^W 之间的比较

W	1	2	3	4	5	6	7	8	9	10
2^W	2	4	8	16	32	64	128	256	512	1024
$T(W)$	1	3	13	75	541	4683	47293	545835	7087261	102247563

显然，$T(W)$ 不仅随着工人数 W 的增加呈指数增长，而且增长幅度要大于 2^W。

9.4.4 赛汝系统平衡问题的几个属性

属性 9.1 Intra-SSB 的上界存在于包含 W 个赛汝的解中。

解释 包含 W 个赛汝的解意味着每个赛汝仅有 1 个工人。根据 Intra-SSB 的表达式 (9-4)，$\sum_{i=1}^{W} X_{ij} = 1, \forall j$。因此，对于仅包含 1 个工人的赛汝，SB=1。由于每个赛汝的平衡均有 SB=1，因此整个 Intra-SSB 也等于 1。

属性 9.1 可用于找出赛汝系统平衡问题的一个 Pareto 最优解，以削减掉一些被支配解。

属性 9.2 Inter-SSB 的上界(如 1)存在于仅包含一个赛汝的解中。

解释 对于仅包含一个赛汝的解，赛汝 j 的完工时间 $\text{Makespan}_j(j=1)$ 等于最大完工时间 maxMakespan。根据 Inter-SSB 的表达式 (9-5)，Inter-SSB=1。

属性 9.2 可用于找出赛汝系统平衡问题的另一个 Pareto 最优解，以削减掉更多被支配解。

属性 9.3 在赛汝系统平衡问题中，至少存在一个使 Intra-SSB 不小于流水生产线平衡的解。

解释　对于仅包含一个赛汝的解，根据 Intra-SSB 的表达式 (9-4)，$\sum\limits_{i=1}^{W} X_{ij} = W$

且 $\sum\limits_{i=1}^{W}\sum\limits_{k=1}^{M} X_{ij} Z_{mjk} = M$。此时，$\text{Intra-SSB} = \text{SB} = \dfrac{1}{M}\sum\limits_{m=1}^{M} \dfrac{\sum\limits_{i=1}^{W} T_{mi}}{\max\limits_{i}(T_{mi}) \cdot W}$。此外，对于有

W 个工人的流水生产线，其平衡也等于 $\dfrac{1}{M}\sum\limits_{m=1}^{M} \dfrac{\sum\limits_{i=1}^{W} T_{mi}}{\max\limits_{i}(T_{mi}) \cdot W}$。

9.5　赛汝系统平衡问题改进的精确求解算法

9.5.1　基于 ε 约束的改进精确算法

对于双目标问题，需要求解 Pareto 最优解[27]。ε-约束方法是一个解决双目标优化问题的经典算法，该方法的时间复杂度是 $O(PN)$，P 是 Pareto 最优解的个数，N 是所有可行解的个数。显然，如果包含在 ε-约束中的可行解个数减少，那么时间复杂度将大大降低。因此，在进行 ε-约束之前，需要考虑削减非支配解的数量。

定义三个特殊的 Pareto 最优解，即 Intra-SSB-I、Inter-SSB-I 和最接近的理想点 (Closest Ideal Point)。

定义 9.5　Intra-SSB-I 是 Intra-SSB 为 1 的 Pareto 最优解。

解释　定理 9.1 证明了 Intra-SSB 的上界是 1，Intra-SSB-I 是所有 Intra-SSB 为 1 的解中的最大解。

定义 9.6　Inter-SSB-I 是 Inter-SSB 为 1 的 Pareto 最优解。

解释　定理 9.2 证明了 Inter-SSB 的上界为 1，Inter-SSB 是所有 Inter-SSB 为 1 的解中的最大解。

定义 9.7　Closest Ideal Point 是最接近理想点的最优解。

解释　赛汝系统平衡问题的理想点是 (1,1)，即 Intra-SSB 和 Inter-SSB 都等于 1。

Intra-SSB-I、Inter-SSB-I、Closest Ideal Point 和被它们支配的非 Pareto 最优解如图 9-3 所示。

定理 9.5　Closest Ideal Point 是 Pareto 最优解。

证明　由于 Closest Ideal Point 是最接近理想点的最优解，因此以理想点为圆心，从理想点到 Closest Ideal Poin 的距离为半径的四分之一圆中不存在解。因此，理想点和 Closest Ideal Point 形成的矩形中没有解，因为该矩形在上述四分之一圆中 (见图 9-3)，所以没有解能支配的 Closest Ideal Point 是 Pareto 最优解。

在图 9-3 中，任何在由 Intra-SSB-I 和 (0,0) 构成的矩形中的点都被 Intra-SSB-I 支配；任何在由 Inter-SSB-I 和 (0,0) 构成的矩形中的点都被 Inter-SSB-I 支配；任何在由 Closest Ideal Point 和 (0,0) 构成的矩形中的点都被 Closest Ideal Point 支配。因此，使用 Intra-SSB-I、Inter-SSB-I 和 Closest Ideal Point 可以削减掉大部分非 Pareto 最优解。

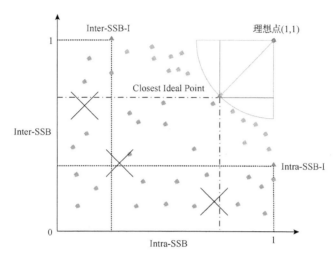

图 9-3　Intra-SSB-I、Inter-SSB-I、Closest Ideal Point 和被它们支配的非 Pareto 最优解

基于定义 9.5～9.7 和定理 9.5，这里开发了一种基于 ε-约束的改进精确算法，该算法的基本步骤在算法 9.1 中描述。

算法 9.1　基于 ε-约束的改进精确算法

输入：S（所有可行解集合）

输出：SPO（赛汝系统平衡问题的 Pareto 最优解集合）

(1) 初始化

　　SF（没有被 Intra-SSB-I 或 Inter-SSB-I 支配的解的集合）←∅

　　SFF（没有被 Intra-SSB-I、Inter-SSB-I 或 Closest Ideal Point 支配的解的集合）←∅

(2) 在 S 中找出 Intra-SSB-I 和 Inter-SSB-I。

(3) 生成 SF。

(4) 在 SF 中找出 Closest Ideal Point。

(5) 通过 Closest Ideal Point 和 SF 生成 SFF。

(6) 在 SFF 中执行 ε-约束，获得 Pareto 最优解。

(7) 输出 SPO。

9.5.2　基于 ε 约束的改进精确算法的时间复杂度

假设集合 S 中解的个数为 N，SF 中解的个数为 |SF|，SFF 中解的个数为 |SFF|。

表 9-2 描述了算法 9.1 中每个步骤的时间复杂度。

表 9-2　算法 9.1 中每个步骤的时间复杂度

算法中的步骤	描述	时间复杂度
(2)	在 S 中找出 Intra-SSB-I 和 Inter-SSB-I	$O(N)$
(3)	生成 SF	$O(N)$
(4)	在 SF 中找出 Closest Ideal Point	$O(|SF|)$
(5)	通过 Closest Ideal Point 和 SF 生成 SFF	$O(|SF|)$
(6)	在 SFF 中执行 ε-约束，获得 Pareto 最优解	$O(P|SFF|)$

综上，总的时间复杂度是 $O(2N+2|SF|+P|SFF|)$。显然，|SF|和|SFF|都小于 N。因此，总的时间复杂度小于 $O(PN)$。当 P 很大或|SFF|很小时，算法 9.1 比时间复杂度为 $O(PN)$ 的 ε-约束算法好很多。

9.6　计 算 实 验

9.6.1　实验算例

表 9-3 列出了实验中用到的参数。表 9-4 列出了工人加工特定类型产品的平均工序时间，即 TP_{ni} 的取值。表 9-5 列出了工人加工多道工序时受影响的水平系数，即 ε_i 的数据。表 9-6 列出了 5 种类型、30 批产品的类型和批次大小。

表 9-3　实验中用到的参数

参数	取值
产品类型	5
SCP_n	1.0
η_i	9

表 9-4　工人加工不同类型产品的平均工序时间（TP_{ni}）

产品类型	工人									
	1	2	3	4	5	6	7	8	9	10
1	1.656	1.710	1.782	1.854	1.728	1.818	1.872	1.764	1.746	1.764
2	1.728	1.746	1.818	1.926	1.836	1.980	1.926	1.836	1.854	1.908
3	1.872	1.962	1.890	1.962	1.890	1.980	1.962	1.980	2.016	2.034
4	1.962	2.016	1.962	2.016	1.980	2.070	2.106	1.998	2.142	2.124
5	2.160	2.124	2.178	2.250	2.124	2.214	2.232	2.160	2.268	2.304

表 9-5　工人加工多道工序时受影响的水平系数（ε_i）

工人	1	2	3	4	5	6	7	8	9	10
ε_i	0.18	0.19	0.2	0.21	0.2	0.2	0.2	0.22	0.19	0.19

表 9-6　本章使用的批次数据

批次编号	1	2	3	4	5	6	7	8	9	10
产品类型	3	5	3	4	1	4	1	2	2	3
批次大小(B_m)	55	53	54	49	49	55	54	48	48	48
批次编号	11	12	13	14	15	16	17	18	19	20
产品类型	2	4	3	4	5	5	1	4	2	5
批次大小(B_m)	46	58	48	52	48	51	54	57	54	49
批次编号	21	22	23	24	25	26	27	28	29	30
产品类型	1	3	4	5	2	3	1	4	2	3
批次大小(B_m)	53	46	45	46	45	44	53	47	53	52

对于 W 个工人的例子，使用表 9-3～表 9-6 中如下数据组合：表 9-3 中全部数据，表 9-4 和表 9-5 的前 W 列数据和表 9-6 中全部数据。

9.6.2　硬件和软件环境

本书开发的精确算法和穷举算法均在 C#编程中实现。操作系统为 Windows 7，硬件为 4G 内存、英特尔 i7 处理器。

9.6.3　改进的精确算法的效果分析

图 9-4 描述了 7 个工人的算例下，17 个 Pareto 最优解、47293 个可行解、39943 个被 Intra-SSB-I 支配的解、5829 个被 Closest Ideal Point 支配的解和 1521 个最终要执行 ε-约束的解。

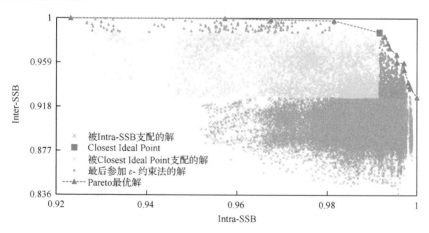

图 9-4　7 个工人算例下改进的精确算法结果

表 9-7 列出了不同算例下改进的精确算法结果。由表 9-7 可以看出，改进的精确算法由于在执行 ε-约束之前削减了约 97% 的非 Pareto 最优解，因此获得了比 ε-约束方法更好的性能。

表 9-7　不同算例下改进的精确算法结果

W	5	6	7	8	9
解数量	541	4683	47293	545835	7087261
被 Intra-SSB-I 支配的解	383	2391	39943	486309	6375916
Intra-SSB-I 削减解空间比率/%	78	51	84	89	90
被 Intra-SSB-I 和 Closest Ideal Point 支配的解	477	3837	45772	531227	6854164
Intra-SSB-I 和 Closest Ideal Point 削减解空间比率/%	88	82	97	97	97
ε-约束算法运行时间/s	0.001	0.005	0.058	1.126	18.603
基于 ε-约束的改进算法运行时间/s	0.001	0.002	0.016	0.138	1.887
Pareto 解数量	12	13	17	31	39

改进的精确算法时间复杂度为 $O(2N+2|\mathrm{SF}|+P|\mathrm{SFF}|)$，如表 9-2 所示，因此最大的求解规模与单目标模型相同。改进的精确算法能求解的最大规模是 10 个工人，在这个规模下共有 102247563 个可行解。

9.6.4　流水生产线和赛汝生产的平衡性和完工时间比较

完工时间对生产系统来说是一项重要指标[28]，因此本节比较了流水生产线和赛汝生产的平衡性和完工时间。9 个工人算例下赛汝系统平衡问题 Pareto 最优解的 Intra-SSB 和生产线的完工时间如图 9-5 所示。

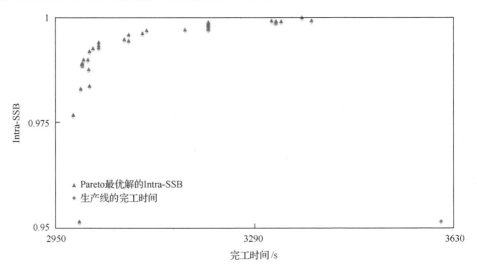

图 9-5　9 个工人算例下的 Pareta 最优解的 Intra-SSB 和生产线的完工时间

在图 9-5 中，流水生产线平衡是根据 SALBP-E 方法计算的[$\dfrac{1}{M}\sum\limits_{m=1}^{M}\dfrac{\sum\limits_{i=1}^{W}T_{mi}}{\max\limits_{i}(T_{mi})\cdot W}$,

见式(9.3)］，流水生产线完工时间计算公式为

$$\text{流水生产线完工时间} = \sum_{m=1}^{M} \text{SL}_m + \sum_{i=1}^{W} \text{TM}_{mi} + (B_m - 1)\max_{i}(\text{TM}_{mi}) \quad (9\text{-}13)$$

式中，SL_m 为流水生产线中每批产品的加工准备时间（SL_m 设为 2.2s）；$\max\limits_{i}(\text{TM}_{mi})$ 为加工批次 m 的最大工序加工时间。

图 9-5 表明，除了 Inter-SSB-I，所有的 Pareto 最优解的 Inter-SSB 都比流水生产线的平衡性好，这意味着赛汝系统能更好地改善工人负载平衡。此外，Pareto 最优解的完工时间比流水生产线完工时间短，意味着赛汝系统在缩短完工时间上有更好的性能。

9.7　本　章　小　结

本章首先针对一个赛汝，定义了 SB 来描述赛汝内工人工作负载平衡；对于包含更多赛汝的赛汝系统，定义了 Intra-SSB 来评价赛汝系统中所有工人的负载平衡，定义 Inter-SSB 来评价赛汝系统间的工作负载平衡，并给出了量化公式。然后，在理论上分别推导出 Intra-SSB 和 Inter-SSB 的下界和上界。随后，定义并建立了赛汝系统平衡问题的同时最大化 Intra-SSB 和 Inter-SSB 的双目标模型，阐述了模型解空间。最后，开发了基于 ε-约束的改进精确算法，求解赛汝系统平衡问题的 Pareto 最优解[29]。

参　考　文　献

[1] Muriel A, Somasundaram A, Zhang Y. Impact of partial manufacturing flexibility on production variability[J]. Manufacturing & Service Operations Management, 2006, 8(2): 192-205.

[2] Yin Y, Stecke K E, Swink M, et al. Lessons from Seru production on manufacturing competitively in a high cost environment[J]. Journal of Operations Management, 2017, 49-51: 67-76.

[3] Liu C, Stecke K E, Lian J, et al. An implementation framework for Seru production[J]. International Transactions in Operational Research, 2014, 21(1): 1-19.

[4] Stecke K E, Yin Y, Kaku I. Seru: The organizational extension of JIT for a super-talent factory[J]. International Journal of Strategic Decision Sciences, 2012, 3(1): 105-118.

[5] Salveson M E. The assembly line balancing problem[J]. Journal of Industrial Engineering, 1955, 29(10): 55-101.

[6] Baybars İ. A survey of exact algorithms for the simple assembly line balancing problem[J]. Management Science, 1986, 32(8): 909-932.

[7] Helgeson W B, Birnie D P. Assembly line balancing using the ranked positional weighting technique[J]. Journal of Industrial Engineering, 1961, 12: 394-398.

[8] Boysen N, Fliedner M, Scholl A. A classification of assembly line balancing problems[J]. European Journal of Operational Research, 2007, 183(2): 674-693.

[9] Uğurdağ H F, Rachamadugu R, Papachristou C A. Designing paced assembly lines with fixed number of stations[J]. European Journal of Operational Research, 1997, 102(3): 488-501.

[10] Esmaeilbeigi R, Naderi B, Charkhgard P. The type E simple assembly line balancing problem: A mixed integer linear programming formulation[J]. Computers & Operations Research, 2015, 64: 168-177.

[11] Klein R, Scholl A. Maximizing the production rate in simple assembly line balancing—A branch and bound procedure[J]. European Journal of Operational Research, 1996, 91(2): 367-385.

[12] Becker C, Scholl A. A survey on problems and methods in generalized assembly line balancing[J]. European Journal of Operational Research, 2006, 168(3): 694-715.

[13] Scholl A, Becker C. State-of-the-art exact and heuristic solution procedures for simple assembly line balancing[J]. European Journal of Operational Research, 2006, 168(3): 666-693.

[14] Otto A, Otto C, Scholl A. Systematic data generation and test design for solution algorithms on the example of SALBP Gen for assembly line balancing[J]. European Journal of Operational Research, 2013, 228(1): 33-45.

[15] Otto A, Otto C. How to design effective priority rules: Example of simple assembly line balancing[J]. Computers & Industrial Engineering, 2014, 69(2): 43-52.

[16] Chica M, Bautista J, Cordón Ó, et al. A multi-objective model and evolutionary algorithms for robust time and space assembly line balancing under uncertain demand[J]. Omega, 2016, 58: 55-68.

[17] Pinto P A, Dannenbring D G, Khumawala B M. Assembly line balancing with processing alternatives: An application[J]. Management Science, 1983, 29(7): 817-830.

[18] Aase G R, Schniederjans M J, Olson J R. U-OPT: An analysis of exact U-shaped line balancing procedures[J]. International Journal of Production Research, 2003, 41(17): 4185-4210.

[19] Battaïa O, Dolgui A. Reduction approaches for a generalized line balancing problem[J]. Computers and Operations Research, 2012, 39(10): 2337-2345.

[20] Bentaha M L, Battaïa O, Dolgui A. A sample average approximation method for disassembly line balancing problem under uncertainty[J]. Computers and Operations Research, 2014, 51: 111-122.

[21] Plenert G. Line balancing techniques as used for just-in-time (JIT) product line optimization[J]. Production Planning and Control, 1997, 8(7): 686-693.

[22] Li L, Chang Q, Ni J, et al. Real time production improvement through bottleneck control[J]. International Journal of Production Research, 2009, 47(21): 6145-6158.

[23] Tekin E, Hopp W J, Oyen M P V. Benefits of skill chaining in production lines with cross-trained workers: An extended abstract[J]. Manufacturing and Service Operations Management, 2002, 4(1): 17-20.

[24] Kaku I, Gong J, Tang J F, et al. Modeling and numerical analysis of line-cell conversion problems[J]. International Journal of Production Research, 2009, 47(8): 2055-2078.

[25] Yu Y, Tang J F, Gong J, et al. Mathematical analysis and solutions for multi-objective line-cell conversion problem[J]. European Journal of Operational Research, 2014, 236(2): 774-786.

[26] Yu Y, Sun W, Tang J F, et al. Line-hybrid Seru system conversion: Models, complexities, properties, solutions and insights[J]. Computers & Industrial Engineering, 2017, 103: 282-299.

[27] Ramezanian R, Ezzatpanah A. Modeling and solving multi-objective mixed-model assembly line balancing and worker assignment problem[J]. Computers & Industrial Engineering, 2015, 87: 74-80.

[28] Lin S W, Ying K C. Minimizing makespan for solving the distributed no-wait flowshop scheduling problem[J]. Computers & Industrial Engineering, 2016, 99: 202-209.

[29] Yu Y, Wang J W, Ma K, et al. Seru system balancing: Definition, formulation, and solution[J]. Computers & Industrial Engineering, 2018, 122: 318-325.

第10章 完工时间最小下混合赛汝系统设计优化

作为生产模式的一种创新，赛汝生产已经成功应用于佳能、索尼等电子企业。本章主要研究具有赛汝和短流水生产线的混合赛汝系统设计优化的基本原理。在一个统一框架下，将两个性能指标(即完工时间和总劳动时间)与四个约束条件(即工人分配、赛汝构造、赛汝调度和短流水生产线调度)相互组合，构建了几个主要的混合赛汝系统设计优化模型，详细阐明混合赛汝系统运作的复杂度。此外，通过将整个解空间划分为几个子空间来分析模型的性质。另外，提出了精确算法和启发式算法来解决不同规模的实例。最后，通过大量试验，对如何建立混合赛汝系统及如何在混合赛汝系统上进行调度提供了管理上的建议。

10.1 引　　言

面对动荡和复杂的市场环境，赛汝生产被提出以克服流水生产线柔性不足的缺点，赛汝生产能够通过工人重组来减少瓶颈工人的影响[1-3]。

通过使用生产线向赛汝转换，佳能的成本在2003年减少了550亿日元，1998～2003年共减少了2300亿日元。其优点[4-6]还包括减少完工时间、劳动时间、人力、在制品库存和成品库存。以前的研究大多集中于纯赛汝系统[7-10]，因为纯赛汝系统比混合赛汝系统更简单。然而，混合赛汝系统比纯赛汝系统更实际，例如，当设备昂贵且不适合复制时，该设备必须留在短生产线中；当一些工人不能执行一个赛汝中的所有任务时，该工人必须留在短生产线中。

10.2 文献综述

10.2.1 赛汝生产

赛汝是灵活的，因为赛汝系统中的工人是多能工。赛汝的灵活性与传统单元生产不同，在传统单元生产中工人可以操作某个部件/产品系列[11,12]。当市场变化时，由于设备简易、可移动和工人都是多能工，赛汝系统可以快速响应。此外，赛汝系统可以不断改进，因为赛汝中的工人可以学习处理更多的任务和产品。此外，赛汝系统比流水生产线具有更好的平衡性，因为赛汝系统可以通过将具有相似技能的工人分配到同一个赛汝中来降低最差工人的影响。赛汝系统可以通过工人重组极大地减少瓶颈工人的影响[13]。赛汝生产的详细介绍可以参照文献[1]、[2]

和[14]。

10.2.2　纯赛汝系统设计优化

图 10-1 显示了一个简单的纯赛汝系统运作实例，其中构建了两个赛汝，即赛汝 1 包含工人 1 和 4，赛汝 2 包含工人 2、3 和 5。此外，第 1 批和第 2 批产品分别由赛汝 1 和赛汝 2 处理。

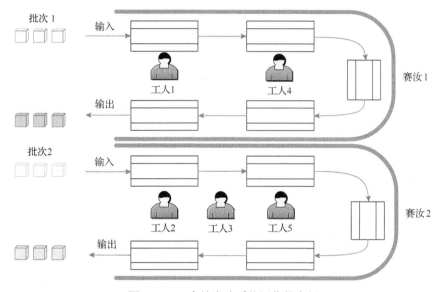

图 10-1　一个纯赛汝系统运作的实例

大部分文献都聚焦在纯赛汝系统的优化方面[5,7-9]。文献[5]使用一个模型集成了三种生产系统：①纯赛汝系统；②单独的流水生产线；③具有赛汝和短生产线的混合赛汝系统。文献[7]研究了纯赛汝系统中影响完工时间和总劳动时间的因素。文献[8]研究了最小化完工时间和工人数的纯赛汝系统设计优化，阐明了解空间的复杂度，并提出了一种精确算法。文献[9]建立了最小化完工时间和总劳动时间的双目标模型，并研究了该模型的性质。

10.2.3　混合赛汝系统运作

文献[4]提出混合赛汝系统运作，考虑了三种类型的装配系统，导致模型太过复杂。此外，该文献也没有很好地分析混合赛汝系统的特点。因此，本章建立了混合赛汝系统模型来研究混合赛汝系统设计优化的基本原理。图 10-2 显示了一个简单的混合赛汝系统运作实例，其中构建了两个赛汝，即赛汝 1 包含工人 1 和 5，赛汝 2 包含工人 2 和 4。另外，工人 3 留在短生产线上。在批次 1 和批次 2 产品分别由赛汝 1 和赛汝 2 生产后，再由短生产线生产批次 1 和批次 2。

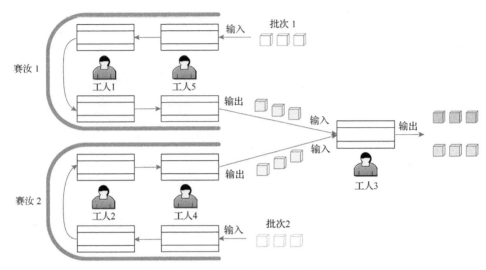

图 10-2　一个混合赛汝系统运作的实例

比较图 10-1 和图 10-2 可以很容易观察到，混合赛汝系统比纯赛汝系统更复杂。文献[15]指出，混合赛汝系统的性能与短生产线的位置无关。因此，为简单而不失一般性，假设短生产线在混合赛汝系统中处于赛汝系统的后面。

10.3　混合赛汝系统运作的模型

10.3.1　假设

(1) 已知要生产产品的类型和批次。每批产品都包含一种产品类型。

(2) 忽略设备复制的成本，因为在赛汝系统中设备简单且便宜。

(3) 所有产品类型具有相同的工序。若产品类型不需要某个工序，则产品将跳过该工序。

(4) 在生产线上，每个工人都负责一个工序。赛汝中的每个工人都可以操作赛汝中的所有工序。

(5) 在短生产线上工作的工人仍然负责原来负责的生产线上的工序。

(6) 每个赛汝内的工序与原生产线上的工序相同。

10.3.2　符号

本章使用的索引、参数、决策变量和中间变量如第 6 章所示，新增加的索引 r 表示批次在短生产线中加工顺序的索引（$r=1, 2, \cdots, M$）。

新增加的决策变量为 Y_i 和 O_{mr}。Y_i 表示工人 i 是否留在短生产线中，若留在短生产线中，则 $Y_i=1$，否则 $Y_i=0$。O_{mr} 表示批次 m 在短生产线中的加工序列为 r，若是，则 $O_{mr}=1$，否则 $O_{mr}=0$。

新增加的变量为 TL_m、FL_m、SLB_m 和 FLB_m，需要注意的是，C_i 的计算公式修改为式(10-1)。

C_i：在生产线向赛汝转化之后，工人 i 负责的工序增加了。如果一个赛汝 $\left(W-\sum\limits_{i'=1}^{W}Y_{i'}\right)$ 中的工人 i 的任务数超过了其上限 η_i，那么工人加工一道工序的时间将比原生产线中的多。C_i 的表达式为

$$C_i = \begin{cases} 1+\varepsilon_i\left(W-\sum\limits_{i'=1}^{W}Y_{i'}-\eta_i\right), & W>\eta_i ; \forall i \\ 1, & W \leqslant \eta_i ; \ \forall i \end{cases} \tag{10-1}$$

TL_m：批次 m 在流水生产线中最差工人的加工时间，其表达式为

$$TL_m = \max_{i=1}^{W}(V_{mn}T_n\beta_{ni}Y_i), \quad \forall i \tag{10-2}$$

FL_m：批次 m 在流水生产线中的流通时间，FL_m 受 TL_m 的影响，其表达式为

$$FL_m = \sum_{n=1}^{N}\sum_{i=1}^{W}V_{mn}T_n\beta_{ni}Y_i + (B_m-1)TL_m \tag{10-3}$$

SLB_m：短生产线中批次 m 的开始时间。类似于 SC_m，在式(10-4)中，短生产线中的两个相邻组装批次分别表示为 m 和 s，如果批次 m 和 s 的产品类型不同，即 $V_{mn}=1$ 和 $V_{sn}=0$，那么 $SLB_m=SLP_nV_{mn}$。如果批次 m 和 s 的产品类型相同，即 $V_{mn}=V_{sn}=1$，那么 SLB_m 为 0。

$$SLB_m = \begin{cases} SLP_nV_{mn}, & V_{mn}=1, V_{sn}=0; (s\mid O_{mr}=1, O_{s(r-1)}=1, \forall r) \\ 0, & V_{mn}=V_{sn}=1; (s\mid O_{mr}=1, O_{s(r-1)}=1, \forall r) \end{cases} \tag{10-4}$$

FLB_m：在短生产线中批次 m 的开始加工时间，如式(10-5)所示。由于混合系统具有赛汝和短生产线，因此 FLB_m 应该是短生产线中在前一个批次的完工时间与赛汝系统中批次 m 完工时间之间的最大值。在式(10-4)中，短生产线中的两个相邻批次分别表示为 m 和 s，如果赛汝系统中批次 m 的完工时间晚于短生产线中批次 s 的完工时间[即式(10-5)中的"批次 m 完工晚于批次 s"]，那么 $FLB_m=FCB_m+SC_m+FC_m$；否则，$FLB_m=FLB_s+SC_s+FL_s$。

$$FLB_m = \begin{cases} FCB_m+SC_m+FC_m, & \text{批次}m\text{完工晚于批次}s; (s\mid O_{mr}=1, O_{s(r-1)}=1, \forall r) \\ FLB_s+SLB_s+FL_s, & \text{批次}m\text{完工不晚于批次}s; (s\mid O_{mr}=1, O_{s(r-1)}=1, \forall r) \end{cases}$$

$$\tag{10-5}$$

10.3.3 评价指标

以下两种指标常用于评价混合赛汝系统。

混合赛汝系统的完工时间（$C_{\max}$）是最后批次完成的时间，其表达式为

$$C_{\max} = \max_{m=1}^{M}(\text{FLB}_m + \text{FL}_m + \text{SLB}_m) \tag{10-6}$$

总劳动时间(total labor hours, TLH)是组装所有批次的所有工人的工作时间，第一部分是赛汝系统的总工作时间，第二部分是短生产线的总工作时间，其表达式为

$$\text{TLH} = \sum_{m=1}^{M}\sum_{i=1}^{W}\left(\sum_{j=1}^{J}\sum_{k=1}^{M}\text{FC}_m X_{ij} Z_{mjk} + \text{FL}_m Y_i\right) \tag{10-7}$$

10.3.4 约束条件

混合赛汝系统运作是一个四阶段的决策过程，即分别由 Y_i、X_{ij}、Z_{mjk} 和 O_{mr} 决定的工人分配、赛汝构造、赛汝调度和短生产线调度。因此，将约束条件分为如下类别。

(1)工人分配约束条件。

$$\sum_{i=1}^{W} Y_i + \sum_{j=1}^{J}\sum_{i=1}^{W} X_{ij} = W \tag{10-8}$$

$$Y_i + \sum_{j=1}^{J} X_{ij} = 1, \quad \forall i \tag{10-9}$$

如式(10-8)所示，在短生产线$\left(\sum_{i=1}^{W} Y_i\right)$中的工人数与在赛汝$\left(\sum_{j=1}^{J}\sum_{i=1}^{W} X_{ij}\right)$中的工人数的总和等于 W。式(10-9)保证每个工人都在短生产线或赛汝系统中。

(2)赛汝构造约束条件。

$$1 \leqslant \sum_{i=1}^{W} X_{ij}, \quad \forall j \tag{10-10}$$

$$\sum_{i=1}^{W} X_{ij} \leqslant W - \sum_{i=1}^{W} Y_i, \quad \forall j \tag{10-11}$$

式(10-10)确保每个形成的赛汝中至少包含 1 个工人。式(10-11)保证赛汝中

的工人数不超过赛汝系统中的工人总数。

（3）赛汝调度约束条件。

$$\sum_{j=1}^{J}\sum_{k=1}^{M}Z_{mjk}=1, \quad \forall m \tag{10-12}$$

$$\sum_{m=1}^{M}\sum_{k=1}^{M}Z_{mjk}=0, \quad \forall j \mid \sum_{i=1}^{W}X_{ij}=0 \tag{10-13}$$

式（10-12）保证批次仅分配到一个赛汝中。式（10-13）保证必须将批次分配给至少分配了 1 个工人的赛汝中。

（4）短生产线调度约束条件。

$$\sum_{m=1}^{M}O_{mr}=1, \quad \forall r \tag{10-14}$$

$$\sum_{r=1}^{M}O_{mr}=1, \quad \forall m \tag{10-15}$$

式（10-14）确保生产线上一次仅加工一个批次。式（10-15）保证每个批次只能在短生产线上加工一次。

（5）完工时间约束条件。

$$混合系统的完工时间 \leqslant 流水生产线的完工时间 \tag{10-16}$$

式（10-16）限制了混合系统的完工时间不长于流水生产线的完工时间。

（6）总劳动时间约束条件。

$$混合系统的总劳动时间 \leqslant 流水生产线的总劳动时间 \tag{10-17}$$

式（10-17）约束混合系统的总劳动时间不大于流水生产线的总劳动时间。

10.3.5　流水生产线向混合赛汝系统转换的几种主要模型

利用上述两个性能和六个约束条件，构建了如下主要的混合赛汝系统设计优化的数学模型。

（1）Min-C_{max} 模型：Min 式（10-16），约束条件为式（10-8）～式（10-15）。

Min-C_{max} 模型是为了最小化完工时间［式（10-6）］。因此，目标表达为 Min 式（10-6），约束条件包括工人分配、赛汝构造、赛汝调度和短生产线调度，即式（10-8）～式（10-15）。

(2)具有总劳动时间约束的 Min-C_{max} 模型：Min 式(10-7)，约束条件为式(10-8)~式(10-15)、式(10-17)。

当考虑总劳动时间约束时，如上所述构建具有总劳动时间约束的 Min-C_{max} 模型。

(3)Min-TLH 模型：Min 式(10-7)，约束条件为式(10-8)~式(10-15)。

Min-TLH 的模型是使总劳动时间最小化[式(10-7)]。因此，目标表达为 Min 式(10-7)，约束条件包括工人分配、赛汝构造、赛汝调度和短生产线调度。

(4)具有 C_{max} 约束的 Min-TLH 模型：Min 式(10-7)，约束条件为式(10-8)~式(10-15)、式(10-16)。

当考虑完工时间约束时，如上所述构建具有 C_{max} 约束的 Min-TLH 模型。

(5)Min-C_{max} 和 Min-TLH 的模型：Min[式(10-6)和式(10-7)]，约束条件为式(10-8)~式(10-15)。

Min-C_{max} 和 Min-TLH 的模型是同时最小化完工时间和总劳动时间。因此，双目标表示为 Min[式(10-6)和式(10-7)]，约束条件包括工人分配、赛汝构造、赛汝调度和短生产线调度。

10.4　混合赛汝系统设计优化的解空间复杂度

将四个决策问题(即工人分配、赛汝构造、赛汝调度和短生产线调度)分为两类：①混合系统的构造，包括工人分配和赛汝构造；②混合系统调度，包括赛汝调度和短生产线调度。工人分配和赛汝构造是通过工人在短生产线和赛汝系统的分配来平衡混合赛汝系统[16-18]。调度影响生产系统的性能[19,20]，赛汝调度和短生产线调度是将批次分配给赛汝系统和短生产线以获得混合赛汝系统的最优性能。

10.4.1　混合赛汝系统构造的解空间复杂度

1)混合赛汝系统的工人分配复杂度

工人分配决定哪些工人在短生产线及哪些工人被分配到赛汝中，由决策变量 Y_i 决定。

有 W 个工人，让 l 个工人在短生产线中，显然有 C_W^l 个解。$l=W$ 意味着所有工人都在短生产线上；$l=0$ 表示没有工人在短生产线上，此时为纯赛汝系统。因此，在混合赛汝系统运作中，l 的范围为 1~$W-1$。因此，工人分配的解总数 $A(W)$ 为

$$A(W) = \sum_{l=1}^{W-1} C_W^l \tag{10-18}$$

$A(1)$~$A(10)$ 分别为 0、2、6、14、30、62、126、254、510 和 1022。实际上，工人分配是将 W 个工人分为两个不相交的非空子集，即短生产线的工人集合和赛

汝工人集合。

例 10.1（工人分配）　3 个工人分别标记为 1、2 和 3。假设"[]"和"()"中的工人分别表示在赛汝系统中分配的工人和在短生产线中工作的工人。有 6 种可行的工人分配方式：{[1],(2,3)}（即工人 1 在赛汝中，工人 2 和 3 在短生产线中）、{[2],(1,3)}、{[3],(1,2)}、{[1,2],(3)}、{[1,3],(2)}和{[2,3],(1)}，其中，"{}"表示混合系统构造的解。

例 10.1 说明了如何在混合赛汝系统中分配工人。

2）混合赛汝系统的赛汝构造复杂度

赛汝构造是为了确定形成多少赛汝及如何将工人分配到赛汝中，由决策变量 X_{ij} 决定。

定理 10.1　类似于纯赛汝系统的赛汝构造，混合赛汝系统的赛汝构造也是无序集合划分问题的一个实例，是 NP 难问题。

证明　混合赛汝系统运作的赛汝构造是将 $W–l$ 个工人划分为两两不相交的非空赛汝，因此是无序集合划分问题的一个实例，而集合划分是一个著名的 NP 难问题[21]。

$W–l$ 个工人的赛汝构造的所有可行解数量可以表示为[22]

$$F(W-l) = \sum_{J=1}^{W-l} P(W-l, J) \tag{10-19}$$

式中，$P(W–l, J)$ 是将 $W–l$ 个工人划分为 J 个赛汝的解的个数，可以表示为第二类斯特林数[23]。

例 10.2（赛汝构造）　在例 10.1 中，{[1,2],(3)}表示工人 1 和 2 分配到赛汝中。随后，所有可行的非空赛汝为⟨1⟩、⟨2⟩和⟨1,2⟩，其中，"⟨⟩"表示一个赛汝被构造并且"⟨⟩"中的工人被分配给赛汝。因此，赛汝构造的所有可行解是[⟨1⟩,⟨2⟩]（形成 2 个赛汝：工人 1 在赛汝 1 中，工人 2 在赛汝 2 中）和[⟨1,2⟩]。

例 10.2 说明了如何在混合赛汝系统中进行赛汝构造。

根据赛汝构造的定义，赛汝构造的解与赛汝序列无关。例如，[⟨1⟩,⟨2⟩]与[⟨2⟩,⟨1⟩]的解相同。

3）混合赛汝系统构造的复杂度

定理 10.2　有 W 个工人，混合赛汝系统构造的解的总数可以表示为

$$\mathrm{HF}(W) = \sum_{l=1}^{W-1} C_W^l \cdot \sum_{J=1}^{W-l} P(W-l, J) \tag{10-20}$$

证明　将工人分配的复杂度[式(10-18)]与赛汝构造的复杂度[式(10-19)]相结合。

$HF(1) \sim HF(10)$ 分别为 0、2、9、36、150、673、3262、17006、94827 和 562594。显然，$HF(W)$ 随着工人数量 W 呈指数增长。

定理 10.3　混合赛汝系统构造是 NP 难问题。

证明　混合赛汝系统构造包括赛汝构造。因此，混合系统的构造是 NP 难问题。

例 10.3（混合系统构造）　在例 10.1 中，工人分配的 6 个解为 {[1],(2,3)}、{[2],(1,3)}、{[3],(1,2)}、{[2],(3)}、{[1,3],(2)} 和 {[2,3],(1)}，进而可以获得混合系统构造的 9 个全部解：{[<1>],(2,3)}、{[<2>],(1,3)}、{[<3>],(1,2)}、{[<1,2>],(3)}、{[<1>,<2>],(3)}、{[<1,3>],(2)}、{[<1>,<3>],(2)}、{[<2,3>],(1)} 和 {[<2>,<3>],(1)}。

例 10.3 说明了如何构造赛汝和一条短生产线的混合系统。

10.4.2　混合赛汝系统调度的解空间复杂度

1）混合赛汝系统调度中赛汝调度的复杂度

赛汝调度决定了如何将批次分配给赛汝，由 Z_{mjk} 决定。

给定一个混合赛汝系统，赛汝调度解的个数 (L) 可以用赛汝数 (J) 来表示，不同的调度规则影响着赛汝调度的复杂度[8,24]。文献[24]调查了纯赛汝系统转化中赛汝调度的十种调度规则，并将赛汝调度中使用的十种调度规则分为两类：与赛汝序列相关的调度（related to Seru sequence, RSS）规则和与赛汝序列无关的调度（unrelated Seru sequence, USS）规则。RSS 规则是赛汝调度结果受到给定赛汝构造的赛汝序列影响的规则。USS 规则意味着赛汝调度结果与使用规则的赛汝序列无关。先到先服务属于 RSS，最短加工时间属于 USS。混合赛汝系统中赛汝调度复杂度的具有如下性质。

性质 10.1　给定一个有 J 个赛汝和 M 个批次的混合系统构造，如果没有给定调度规则，那么 $L(J, M) = J^M$。

没有给定调度规则，每个批次都可以分配到任何赛汝。

性质 10.2　给定一个有 J 个赛汝和 M 个批次的混合系统构造，如果赛汝构造使用 RSS 规则并且 $M \geqslant J$，那么 $L(J, M) = J! = P_J^J$。

性质 10.3　给定一个有 J 个赛汝和 M 个批次的混合系统构造，如果赛汝构造使用 RSS 规则并且 $M < J$，那么 $L(J, M) = C_J^M P_M^M = P_J^M$。

性质 10.4　给定一个有 J 个赛汝和 M 个批次的混合系统构造，如果赛汝构造使用 USS 规则，那么 $L(J, M) = 1$。

2）短生产线调度的复杂度

短生产线调度决定在短生产线处理批次的顺序。短生产线调度的解的个数 (S) 可以用批次数 (M) 来表示。

定理 10.4　给定 M 个批次，没有给定调度规则，则 $S(M) = M!$。

证明　没有给定调度规则，在短生产线调度中，每个批次 (M) 可以在短生产线中按任意顺序处理。

因此，为了简单起见，早期的关于短生产线调度的研究使用了先到先服务调度规则。最早由赛汝完成的批次将首先由短生产线加工。

给定调度规则，显然，短生产线调度的复杂度为 1。

3) 混合系统调度的复杂度

通过将赛汝调度的复杂度（$L(J, M)$）与短生产线调度的复杂度（$S(M)$）相结合，可得到混合系统调度的复杂度（$HS(J, M)$），如表 10-1 所示。

表 10-1　混合系统调度的复杂度

SRS	$L(J, M)$	SRL	$S(M)$	$HS(J, M)$
No	J^M	No	$M!$	$J^M M!$
		GSR	1	J^M
RSS	$P_J^J(M \geqslant J)$	No	$M!$	$P_J^J M!$
		GSR	1	P_J^J
	$P_J^M(M < J)$	No	$M!$	$P_J^M M!$
		GSR	1	P_J^M
USS	1	No	$M!$	$M!$
		GSR	1	1

　　注：SRS（scheduling rule on Seru）表示赛汝系统调度规则；No 表示没有给出调度规则；J 表示混合系统中的赛汝数量；M 表示待处理的批次数量；SRL（scheduling rule on the short Line）表示短生产线上的调度规则；GSR（given a scheduling rule）表示给出一个调度规则。

10.4.3　混合赛汝系统运作的解空间复杂度

将定理 10.2 与表 10.1 相结合，总结了任何调度规则的混合赛汝系统（total complexity of hybrid system, TCH）运作的复杂度 [$TCH(W, M)$]，如表 10-2 所示。

由表 10-2 可以看出，如果在赛汝调度和短生产线调度中都没有使用调度规则，那么混合系统的复杂度就大到 $\sum_{l=1}^{W-1} C_W^l \cdot \sum_{J=1}^{W-1} P(W-l, J) \cdot J^M M!$。但是，如果在赛汝调度中使用 USS 规则并且在短生产线中使用调度规则，那么复杂度可小到 $\sum_{l=1}^{W-1} C_W^l \cdot \sum_{J=1}^{W-l} P(W-l, J)$。在研究中，在赛汝调度和短生产线调度中都使用先来先服务调度规则。此时，混合系统的复杂度为 $\sum_{l=1}^{W-1} C_W^l \cdot \sum_{J=1}^{W-1} P(W-l, J) \cdot P_J^J$。

表 10-2　混合赛汝系统运作的复杂度

HF(W)	SRS	SRL	HS(J, M)	TCH(W, M)
	No	No	$J^M M!$	$\sum\limits_{l=1}^{W-1} C_W^l \cdot \sum\limits_{J=1}^{W-l} P(W-l, J) \cdot J^M M!$
		GSR	J^M	$\sum\limits_{l=1}^{W-1} C_W^l \cdot \sum\limits_{J=1}^{W-l} P(W-l, J) \cdot J^M$
	RSS	No	$P_J^J M!(M > J)$	$\sum\limits_{l=1}^{W-1} C_W^l \cdot \sum\limits_{J=1}^{W-l} P(W-l, J) \cdot P_J^J M!$
$\sum\limits_{l=1}^{W-1} C_W^l \cdot \sum\limits_{J=1}^{W-l} P(W-l, J)$		GSR	$P_J^J(M \geqslant J)$	$\sum\limits_{l=1}^{W-1} C_W^l \cdot \sum\limits_{J=1}^{W-l} P(W-l, J) \cdot P_J^J$
		No	$P_J^M M!(M < J)$	$\sum\limits_{l=1}^{W-1} C_W^l \cdot \sum\limits_{J=1}^{W-l} P(W-l, J) \cdot P_J^M M!$
		GSR	$P_J^M(M < J)$	$\sum\limits_{l=1}^{W-1} C_W^l \cdot \sum\limits_{J=1}^{W-l} P(W-l, J) \cdot P_J^M$
	USS	No	$M!$	$\sum\limits_{l=1}^{W-1} C_W^l \cdot \sum\limits_{J=1}^{W-l} P(W-l, J) \cdot M!$
		GSR	1	$\sum\limits_{l=1}^{W-1} C_W^l \cdot \sum\limits_{J=1}^{W-l} P(W-l, J)$

　　注：W 表示装配线上的工人数；l 表示在短生产线留下的工人数；HF(W) 表示混合系统构造的复杂度；HS(J, M) 表示混合系统调度的复杂度。

10.5　解空间的特点

　　混合赛汝系统运作包含混合系统构造。混合系统构造的解空间的复杂度为 $\sum\limits_{l=1}^{W-1} C_W^l \cdot \sum\limits_{J=1}^{W-l} P(W-l, J)$，其中，$l(1 \leqslant l \leqslant W-1)$ 表示短生产线的工人数，$J(1 \leqslant J \leqslant W-1)$ 表示赛汝数。因此，解空间可以根据赛汝数 J 或者短生产线上的工人数 l 分成几个子空间。最小完工时间或最小总劳动时间通常存在于特定子空间中。

　　对于采用先到先服务调度规则的混合赛汝系统，整个解空间 $\sum\limits_{l=1}^{W-1} C_W^l \cdot \sum\limits_{J=1}^{W-l} P(W-l, J) \cdot P_J^J$ 可以表示为

$$\sum_{l=1}^{W-1} C_W^l \{P(W-l,1)1! + P(W-l,2)2! + \cdots + P(W-l, W-l-1)(W-l-1)!$$
$$+ P(W-l, W-l)(W-l)!\}$$
$$= C_W^1 \{P(W-1,1)1! + P(W-1,2)2! + \cdots + P(W-1, W-1)(W-2)! + P(W-1, W-1)(W-1)!\}$$
$$+ C_W^2 \{P(W-2,1)1! + P(W-2,2)2! + \cdots + P(W-2, W-2)(W-2)!\} + \cdots + C_W^{W-1} P(1,1)1!$$

$$(10\text{-}21)$$

根据赛汝的数量 J，整个解空间可以划分为 $W-1$ 个子空间。此外，整个解空间可以根据短生产线中的工人数 l 划分为 $W-1$ 个子空间，即具有 1，2，$\cdots$，$W-1$ 个工人的子空间。

10.5.1　赛汝个数子空间

定义 10.1　赛汝个数子空间是根据赛汝的个数 J 划分子空间。

在整个解空间中有 $W-1$ 个赛汝个数子空间。基于式(10-20)，具有 J 个赛汝的赛汝个数子空间中解的个数可以表示为 $\sum_{l=1}^{W-J} C_W^l \cdot P(W-l, J) \cdot P_J^J$。表 10-3 总结了 5~8 个工人在每个赛汝个数子空间中解的个数。

表 10-3　5~8 个生产线工人在每个赛汝个数子空间中解的个数

工人数	赛汝数							合计
	1	2	3	4	5	6	7	
5	30	150	240	120	—	—	—	540
6	62	540	1560	1800	720	—	—	4682
7	126	1806	8400	16800	15120	5040	—	47292
8	254	5796	40824	126000	191520	141120	40320	545834

对于 5 个工人的实例，1 个、2 个、3 个和 4 个赛汝的赛汝个数子空间中解的个数分别是 $30 = \sum_{l=1}^{4} C_5^l \times P(5-l, 1)$、$150 = \sum_{l=1}^{3} C_5^l \times P(5-l, 2) \times 2!$、$240 = \sum_{l=1}^{2} C_5^l \times P(5-l, 3) \times 3!$ 和 $120 = C_5^1 \times P(4, 4) \times 4!$。

图 10-3~图 10-5 分别显示 5~7 个工人的每个赛汝个数子空间中完工时间和总劳动时间，结果通过穷举算法获得。图中 1 个赛汝表示赛汝个数为 1 的子空间。通过观察图 10-3~图 10-5 可以发现，完工时间(和总劳动时间)和赛汝个数子空间之间具有如下特征。

性质 10.5　最小完工时间通常存在于具有较少赛汝的赛汝个数子空间中。

解释　如图 10-3~图 10-5 所示，最小完工时间总是存在于具有 1 个赛汝的赛汝个数子空间中。因为当赛汝系统具有较少赛汝时，赛汝可以很容易地被平衡。

性质 10.6　最小总劳动时间通常存在于具有更多赛汝的赛汝个数子空间中。

解释　如图 10-3~图 10-5 所示，最小总劳动时间总是存在于具有 $W-1$ 个赛汝的赛汝个数子空间中。因为只有一个工人的所有赛汝通过为该批次分配具有最短加工时间的工人，可以充分利用每个工人的技能。性质 10.5 和性质 10.6 意味着没必要搜索全部解空间以获得最小完工时间或总劳动时间。

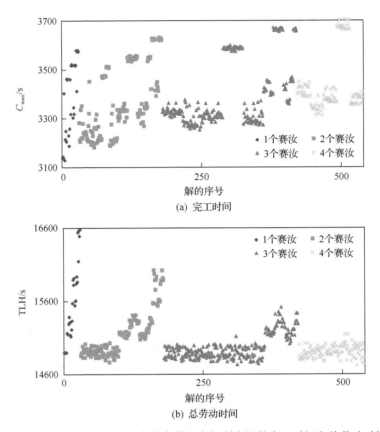

(a) 完工时间

(b) 总劳动时间

图 10-3　有 5 个工人的每个赛汝个数子空间所有解的完工时间和总劳动时间

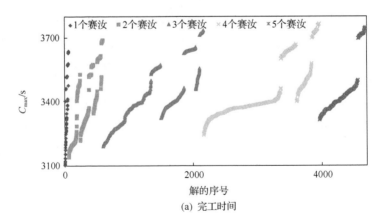

(a) 完工时间

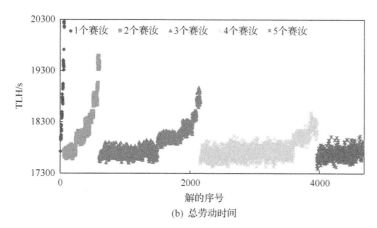

(b) 总劳动时间

图 10-4　有 6 个工人的每个赛汝个数子空间所有解的完工时间和总劳动时间

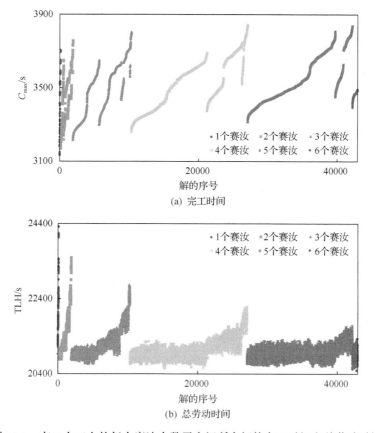

图 10-5　有 7 个工人的每个赛汝个数子空间所有解的完工时间和总劳动时间

10.5.2　工人个数子空间

定义 10.2　工人个数子空间是根据短生产线中工人数 l 划分的子空间。

此外，在整个解空间中还有 $W-1$ 个工人个数子空间。根据式 (10-20)，在有 l 个工人的短生产线上工人个数子空间的解的个数可以表示为 $\sum_{J=1}^{W-l} C_W^l \cdot P(W-l,J) \cdot P_J^J$。表 10-4 总结了 5～8 个生产线工人在每个工人个数子空间的解的个数。

表 10-4　5～8 个生产线工人在每个工人个数子空间的解的个数

工人数	短生产线中的工人数							合计
	1	2	3	4	5	6	7	
5	375	130	30	5	—	—	—	540
6	3246	1125	260	45	6	—	—	4682
7	32781	11361	2625	455	63	7	—	47292
8	378344	131124	30296	5250	782	83	8	545834

对于 5 个工人的实例，具有 1 个、2 个、3 个和 4 个工人的工人个数子空间的解的个数分别为 $375=\sum_{J=1}^{4} C_5^1 \times P(4,J) \times J!$、$130=\sum_{J=1}^{3} C_5^2 \times P(3,J) \times J!$、$30=\sum_{J=1}^{2} C_5^3 \times P(2,J) \times J!$ 和 $5=C_5^4 \times P(1,1) \times 1!$。

图 10-6～图 10-8 分别显示了 5～7 个短生产线工人在每个工人个数子空间中所有解的完工时间和总劳动时间。通过观察图 10-6～图 10-8 发现，完工时间 (和总劳动时间) 和工人个数子空间之间具有如下特征。

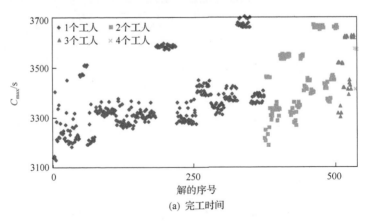

(a) 完工时间

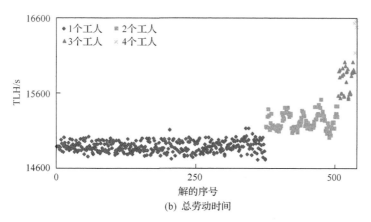

(b) 总劳动时间

图 10-6　5 个生产线工人在每个工人个数子空间所有解的完工时间和总劳动时间

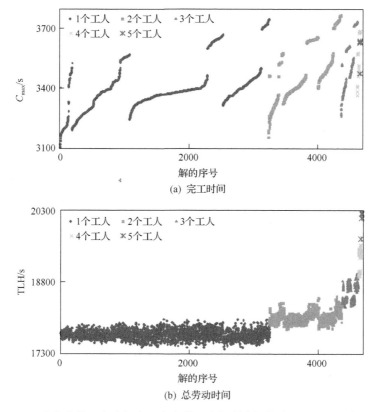

(a) 完工时间

(b) 总劳动时间

图 10-7　6 个生产线工人在每个工人个数子空间所有解的完工时间和总劳动时间

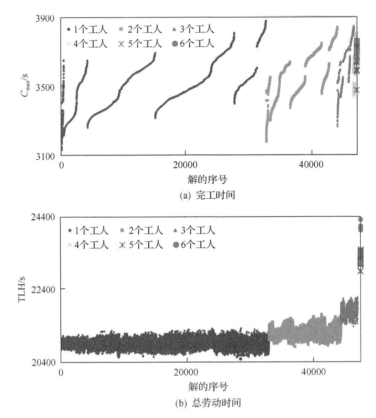

图 10-8   7 个生产线工人在每个工人个数子空间所有解的完工时间和总劳动时间

性质 10.7   最小完工时间通常存在于有较少生产线工人的工人个数子空间中。

解释   如图 10-6～图 10-8 所示,最小完工时间总是存在于有一个生产线工人的工人个数子空间中。

性质 10.8   最小总劳动时间通常存在于有较少生产线工人的工人个数子空间中。

解释   如图 10-6～图 10-8 所示,最小总劳动时间总是存在于有 1 个生产线工人的工人个数子空间中。

性质 10.7 和性质 10.8 意味着没必要搜索整个解空间以获得最小完工时间或总劳动时间。

10.5.3   工人个数和赛汝个数子空间

定义 10.3   工人个数和赛汝个数子空间是根据短生产线中工人数 l 和赛汝数 J 划分的子空间。

l 个短生产线工人和 J 个赛汝的个数子空间的解的个数可根据式(10-20)表示

为 $C_W^l \times P(W-l,J) \times P_J^J$。在整个解空间中有 $\dfrac{W(W-1)}{2}$ 个工人个数和赛汝个数子空间。表 10-5 总结了 5 个工人的情况下每个工人个数和赛汝个数子空间的解的个数。

表 10-5　5 个工人的情况下每个工人个数和赛汝个数子空间的解的个数

赛汝个数	短生产线中的工人数				合计
	1	2	3	4	
1	5	10	10	5	30
2	70	60	20	—	150
3	180	60	—	—	240
4	120	—	—	—	120
总计	375	130	30	5	540

由表 10-5 可知，具有 1 个赛汝且分别有 1 个、2 个、3 个和 4 个短生产线工人的子空间的解的个数分别为 5、10、10 和 5，因此有 1 个赛汝的赛汝个数子空间中的解总数为 30。在有 1 个生产线工人且分别有 1、2、3、4 个赛汝的子空间的解的个数分别为 5、70、180 和 120，因此有 1 个工人的工人个数子空间的解总数为 375。

图 10-9～图 10-11 分别显示了 1 个工人的短生产线中，分别有 5 个、6 个和 7 个工人时每个工人个数和赛汝个数子空间中所有解的完工时间和总劳动时间。

性质 10.9　最小完工时间通常存在于有 1 个生产线工人和 1 个赛汝的子空间中。

解释　如图 10-9～图 10-11 所示，最小完工时间总是存在于具有 1 个生产线工人和 1 个赛汝的子空间中。

性质 10.10　最小总劳动时间通常存在于有 1 个生产线工人和 $W-1$ 个赛汝的子空间中。

解释　在图 10-9～图 10-11 中，最小总劳动时间总是存在于有 1 个生产线工人和 $W-1$ 个赛汝的子空间中。

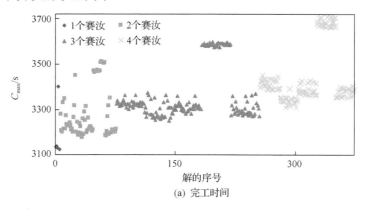

(a) 完工时间

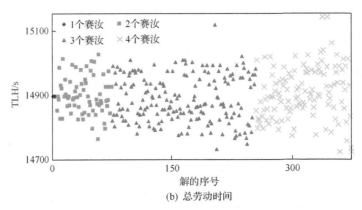

(b) 总劳动时间

图 10-9　5 个工人时 1 个生产线工人在每个工人个数和
赛汝个数子空间所有解的完工时间和总劳动时间

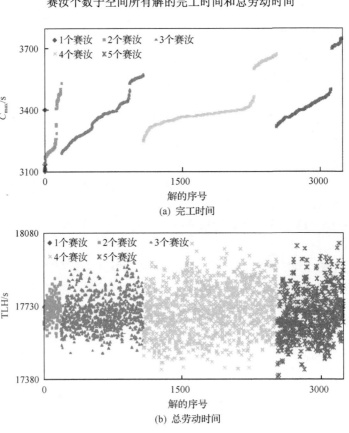

(a) 完工时间

(b) 总劳动时间

图 10-10　6 个工人时 1 个生产线工人在每个工人个数和
赛汝个数子空间所有解的完工时间和总劳动时间

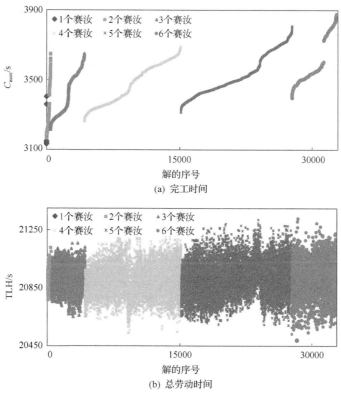

(a) 完工时间

(b) 总劳动时间

图 10-11　7 个工人时 1 个生产线工人在每个工人个数和
赛汝个数子空间所有解的完工时间和总劳动时间

10.6　求解混合赛汝系统最优设计的算法

10.6.1　基于穷举算法的精确算法

对于小规模实例,通过实现混合赛汝系统的四个约束(即工人分配、赛汝构造、赛汝调度和短生产线调度)来开发精确算法。对于不超过 8 个工人的情况,可以通过穷举算法获得最优解。该精确算法的基本步骤在算法 10.1 中描述。

算法 10.1　混合赛汝系统最优设计的精确算法

输入:W(工人数)

输出:OPT(最小 C_{max}/TLH 的最优解)

(1)初始化

OPT 的 C_{max}/TLH←∞(无穷)

b(赛汝中工人数)←1

(2) while $(b<W)$ do

　　(2-1) 对于集合 $\{1,2,\cdots,W\}$，生成具有 b 个元素的非空子集 P_b

　　(2-2) for (each $p \in P_b$) do

　　　　(2-3) 生成一个赛汝构造可行解 $\{[p],(p^c)\}$，p^c 是 p 的补集，表示生产线中

　　　　　　工人集合

　　　　(2-4) 生成集合 p 的所有有序集划分，即赛汝构造的可行解集合 S

　　　　(2-5) for (each $s \in S$) do

　　　　　　(2-6) 生成调度规则是 FCFS 的所有可行解 $\{[s],(p^c)\}$

　　　　　　(2-7) 计算 $\{[s],(p^c)\}$ 的 C_{max}/TLH

　　　　　　(2-8) if $(\{[s],(p^c)$ 的 $C_{max}/\text{TLH}\}<\text{OPT}$ 的 $C_{max}/\text{TLH})$ then

　　　　　　　　　OPT←$\{[s],(p^c)\}$

　　　　　　end if

　　　　end for

　　end for

　　(2-9) $b\leftarrow b+1$

end while

(3) 输出 OPT

在步骤(1)、(2)和(2-9)中，$b\leftarrow1$、$b<W$ 和 $b\leftarrow b+1$ 意味着从 $W-1$ 个流水生产线工人向 1 个流水生产线工人进行搜索。

步骤(2-3)产生工人分配的所有可行解，并实现工人分配约束。

步骤(2-4)产生先到先服务调度规则下赛汝构造的所有可行解。该步骤实现了赛汝构造和赛汝调度的两个约束。另外，如果将 USS 规则用于赛汝调度，那么步骤(2-4)产生该组 p 的无序集合划分的可行解(S)。

步骤(2-6)实现了短生产线调度的约束条件，并产生先到先服务调度规则下的混合赛汝系统的所有可行解。

步骤(2-7)计算每个可行解的目标(C_{max}/TLH)。

步骤(2-8)记录最优解。

10.6.2　Min-C_{max} 模型的启发式算法

根据性质 10.5、性质 10.7 和性质 10.9，这里提出了一种启发式算法，在有 1 个生产线工人和 1 个赛汝的子空间中搜索最小完工时间。该算法的基本步骤在算法 10.2 中描述。

算法 10.2　最小完工时间的混合赛汝系统的启发式算法

输入：W(工人数)

输出：OPT（1 个生产线工人 1 个赛汝的最优解）

(1) 初始化

OPT 的 $C_{max} \leftarrow \infty$（无穷）

b（赛汝中工人数）$\leftarrow W-1$

(2) 搜索 1 个生产线工人的解空间

(2-1) 对于集合 $\{1,2,\cdots,W\}$，生成具有 b 个元素的非空子集 P_b

(2-2) for（each $p \in P_b$）do

生成一个赛汝构造可行解 $\{[p],(p^c)\}$，p^c 是 p 的补集，表示生产线中的工人集合

(2-3) ns（赛汝数）$\leftarrow 1$

生成集合 p 的所有包括 ns 个子集的集划分，构成可行解集合 S_{ns}

(2-4) for（each $s \in S_{ns}$）do

计算 $\{[s],(p^c)\}$ 的 C_{max}

(2-5) if（$\{[s],(p^c)\}$ 的 $C_{max} <$ OPT 的 C_{max}）then

OPT $\leftarrow \{[s],(p^c)\}$

end if

end for

end for

(3) 输出 OPT

在步骤 (1) 中，$b \leftarrow W-1$ 表示搜索有 1 个短生产线工人的子空间。

步骤 (2-4) 搜索 1 个生产线工人和 ns 个赛汝的子空间。

步骤 (2-5) 记录最优解。

10.6.3　实例计算

表 10-6 显示了实例计算时使用的参数。表 10-7 显示每个工人处理 n 种产品类型的技能水平 (β_{ni}) 的平均值范围为 $1 \sim 1.2$，标准差固定为 0.1。表 10-8 给出了 β_{ni} 的详细数据，ε_i 和批次的详细数据分别在表 10-9 和表 10-10 中给出。

表 10-6　实例计算时使用的参数

批次	批次大小	ε_i	SL_n	SCP_n	T_n	η_i
5	$N(50,5)$	$N(0.2,0.05)$	2.2	1.0	1.8	10

表 10-7　工人技能水平 (β_{ni}) 的分布

产品类型	1	2	3	4	5
分类函数	$N(1,0.1)$	$N(1.05,0.1)$	$N(1.1,0.1)$	$N(1.15,0.1)$	$N(1.2,0.1)$

表 10-8　工人技能水平（β_{ni}）的数据

工人	产品类型				
	1	2	3	4	5
1	1.02	1.05	1.1	1.05	1.13
2	1.09	1.15	1.16	1.24	1.29
3	0.96	0.98	1.06	1.16	1.22
4	0.94	0.99	1.1	1.09	1.1
5	0.96	1.1	1.08	1.07	1.23
6	0.92	0.97	1.12	0.99	1.2
7	1.1	1.13	1.13	1.22	1.27
8	0.98	1.08	1.06	1.3	1.16
9	1.03	1.03	1.13	1.25	1.11
10	0.97	1.14	1.2	1.21	1.22
11	1.04	1.1	1.03	1.12	1.19
12	0.95	1.05	0.99	1.2	1.22

表 10-9　工人受多个任务影响的技能水平系数（ε_i）

工人	1	2	3	4	5	6	7	8	9	10	11	12
ε_i	0.18	0.19	0.2	0.21	0.2	0.2	0.2	0.22	0.19	0.19	0.18	0.18

表 10-10　本章使用的批次数据

批次编号	1	2	3	4	5	6	7	8	9	10	11	12	13	14	15
产品类型	3	5	3	4	1	4	1	2	2	3	2	4	3	4	5
批次大小	55	53	54	49	49	55	54	48	48	48	46	58	48	52	48

批次编号	16	17	18	19	20	21	22	23	24	25	26	27	28	29	30
产品类型	5	1	4	2	5	1	3	4	5	2	3	1	4	2	3
批次大小	51	54	57	54	49	53	46	45	46	45	44	53	47	53	52

对于 W 个工人的实例，使用表 10-6～表 10-10 中以下数据集：表 10-6 的全部数据，表 10-8 的前 W 行，表 10-9 的前 W 列和表 10-10 的全部数据。

10.6.4　算法性能的评价

改进的精确算法用 C#语言实现，操作系统为 Windows 7、硬件为 8GB 内存、3.6GHz 英特尔酷睿 TM2 处理器。运行穷举算法和启发式算法来解决 5～12 个工人的实例。表 10-11 评估了两种算法的性能。

表 10-11　两种算法的性能

流水线		解空间复杂度	穷举算法		启发式算法	
工人数	完工时间/s		完工时间/s	运行时间/s	完工时间/s	运行时间/s
5	3525	540	3129	3.4	3129	0.5
6	3581	4682	3102	7.2	3102	0.6
7	3649	47292	3133	16.4	3133	0.6
8	3748	545834	3142	82.0	3142	0.8
9	3809	7087260	—	—	3145	0.8
10	3896	102247562	—	—	3155	1.0
11	3955	1622632572	—	—	3151	1.1
12	4014	2809156794	—	—	3723	1.2

从表 10-11 中可以看出，对于不超过 8 个工人的情况，启发式算法能获得最优解，并且具有比穷举算法更少的计算时间。由于混合赛汝系统的高复杂度，穷举算法不能求解超过 8 个工人的实例，但启发式算法可以在合理的时间内求解。表 10-11 显示，混合赛汝系统的完工时间总是小于流水线生产方式。因此，可以使用混合赛汝系统来减少完工时间。

10.7　混合赛汝系统管理上的建议

为了研究混合赛汝系统构建和混合赛汝系统调度的合理方法，本节分析几个混合赛汝系统的最优解。

10.7.1　如何构建混合赛汝系统以最大限度地减少完工时间

表 10-12 显示了 5～8 个工人情况下精确算法获得的前 3 个最小完工时间的解。生产线完工时间分别为 3525s、3581s、3649s 和 3748s。

从表 10-12 中得到混合赛汝系统构造的建议。

建议 10.1　最小化完工时间时，应该构造短生产线上有 1 个工人的混合赛汝系统。

这个建议与性质 10.5 和性质 10.9 一致。为了便于解释，这里比较了 {[<3,4,5>],(1,2)}、{[<2,3,4,5>],(1)} 和 {[<1,3,4,5>],(2)} 三种混合赛汝系统的构造，给出了其前十批生产的详细信息(表 10-13～表 10.15)，阐述了 {[<2,3,4,5>],(1)} 和 {[<1,3,4,5>],(2)} 的完工时间比 {[<3,4,5>],(1,2)} 的完工时间少。

在表 10-13 中，短生产线的效率比赛汝系统的差，即任何批次的 PTiS 总是小于 PTiL。这是因为最差的工人(即工人 2)留在了生产线上。

表 10-12　5~8 个工人情况下精确算法获得的前 3 个最小完工时间的解

工人数	混合系统构造	混合系统完工时间/s	赛汝完工时间/s
5	{[<2,3,4,5>],(1)}	3129	3024
	{[<1,2,4,5>],(3)}	3136	3018
	{[<1,2,3,4>],(5)}	3137	3013
6	{[<2,3,4,5,6>],(1)}	3102	2990
	{[<1,2,3,5,6>],(4)}	3107	3002
	{[<1,2,3,4,5>],(6)}	3114	3007
7	{[<2,3,4,5,6,7>],(1)}	3133	3028
	{[<1,2,4,5,6,7>],(3)}	3137	3024
	{[<1,2,3,4,6,7>],(5)}	3141	3020
8	{[1,2,4,5,6,7,8],(3)}	3142	3034
	{[2,3,4,5,6,7,8],(1)}	3142	3037
	{[1,2,3,4,6,7,8],(5)}	3149	3030

表 10-13　{[<3,4,5>],(1,2)} 前十批生产的详细信息

参数	不同批次对应的详细信息									
	1	2	3	4	5	6	7	8	9	10
FTiS	108	222	328	426	511	622	716	805	894	988
BTiL	108	227	354	471	585	685	812	922	1025	1126
FTiL	227	354	471	585	685	812	922	1025	1126	1231
PTiS	108	114	106	98	85	111	94	89	89	94
PTiL	119	127	117	114	100	127	110	103	101	105

注：FTiS(finishing time in line)表示赛汝中的完工时间；BTiL(beginning time in line)表示短生产线开始时间；FTiL(finish times in line)表示短生产线完工时间；PTiS(processing time in Seru)表示赛汝中的加工时间；PTiL(processing times in line)表示短生产线中的加工时间。

表 10-14　{[<2,3,4,5>],(1)} 前十批生产的详细信息

参数	不同批次对应的详细信息									
	1	2	3	4	5	6	7	8	9	10
FTiS	110	226	334	436	524	638	735	827	918	1014
BTiL	110	226	336	445	540	638	743	845	938	1028
FTiL	221	336	445	540	632	743	845	938	1028	1126
PTiS	110	116	108	102	88	114	97	92	91	96
PTiL	111	110	109	95	92	105	102	93	90	98

表 10-15　{[⟨1,3,4,5⟩], (2)} 前十批生产的详细信息

参数	不同批次对应的详细信息									
	1	2	3	4	5	6	7	8	9	10
FTiS	108	221	327	425	511	621	712	806	895	990
BTiL	108	225	351	466	577	676	801	909	1010	1110
FTiL	225	351	466	577	676	801	909	1010	1110	1212
PTiS	108	113	106	98	86	110	91	94	89	95
PTiL	117	126	115	111	99	125	108	101	100	102

对于 {[⟨3,4,5⟩], (1,2)}，有两种方法将 1 个工人移动到赛汝中而只让另 1 个工人留在生产线中：①将工人 2 移至赛汝中，生成 {[⟨2,3,4,5⟩], (1)}，其前十批生产的详细结果如表 10-14 所示。{[⟨2,3,4,5⟩], (1)} 的短生产线效率优于 {[⟨3,4,5⟩], (1,2)}，例如，表 10-14 中任何批次的 PTiL 都小于表 10-13 中的值。然而，{[⟨2,3,4,5⟩], (1)} 的赛汝效率比 {[⟨3,4,5⟩], (1,2)} 的差，例如，表 10-14 中任何批次的 PTiS 都比表 10-13 中的值大。因此，{[⟨2,3,4,5⟩], (1)} 的短生产线和赛汝的平衡好于 {[⟨3,4,5⟩], (1,2)}，从而整个混合赛汝系统的效率得到了提高。例如，表 10-14 中第 10 批次的 FTiL 优于表 10-13 的值，即 1126 好于 1231。②将工人 1 移至赛汝中，生成 {[⟨1,3,4,5⟩], (2)}，其前十批生产的详细结果如表 10-15 所示。{[⟨1,3,4,5⟩], (2)} 的短生产线效率稍好于 {[⟨3,4,5⟩], (1,2)}，例如，表 10-15 中任何批次的 PtiL 都略低于表 10-13 中的值。{[⟨1,3,4,5⟩], (2)} 的赛汝效率接近于 {[⟨3,4,5⟩], (1,2)}，例如，表 10-15 中任何批次的 PTiS 都接近表 10-13 中的值。因此，{[⟨1,3,4,5⟩], (2)} 的短生产线和赛汝的平衡略优于 {[⟨3,4,5⟩], (1,2)}，从而整个混合赛汝系统的效率得到了提高。例如，表 10-15 中第 10 批次的 FTiL 优于表 10-13 的值，即 1212 好于 1231。

事实上，如果超过 1 个工人留在短生产线上，那么差的工人总是会对其他工人产生负面影响。

建议 10.2　最小化完工时间时，应该构建只有 1 个赛汝的混合系统。

这个建议与性质 10.6 和性质 10.10 是一致的。为了便于解释，这里比较了 {[⟨2,3,4,5⟩], (1)} 和 {[⟨3⟩,⟨4⟩,⟨5⟩,⟨2⟩], (1)} 两种混合赛汝系统的构造。表 10-16 给出了 {[⟨3⟩,⟨4⟩,⟨5⟩,⟨2⟩], (1)} 的前十批生产的详细信息。随后，描述了这两个构造前十批的完工时间，如图 10-12 和图 10-13 所示。

通过比较图 10-12 和图 10-13 可以看到，{[⟨2,3,4,5⟩], (1)} 的完工时间比 {[⟨3⟩,⟨4⟩,⟨5⟩,⟨2⟩], (1)} 短，即 1212<1424。这是因为如果混合系统有更多的赛汝，那么：①赛汝可能只有很少的工人。根据式 (6-2) 和式 (6-4)，工人数少的赛汝中批次的加工时间将比在具有更多工人的赛汝中更长，这意味着短生产线需要等待更长时间。例如，可以看到，图 10-12 赛汝中批次 1～批次 4 的加工时间比图 10-13 中的长得多。②赛汝间的批次平衡更困难。例如，图 10-12 中，⟨3⟩ 和 ⟨5⟩ 的赛汝处理 3 个批次，而 ⟨2⟩ 和 ⟨4⟩ 的赛汝处理 2 个批次。

表 10-16 {[⟨3⟩,⟨4⟩,⟨5⟩,⟨2⟩],(1)} 前十批生产的详细信息

参数	不同批次对应的详细信息									
	1	2	3	4	5	6	7	8	9	10
批次 ID	2	1	3	4	5	7	8	6	9	10
赛汝	⟨4⟩	⟨3⟩	⟨5⟩	⟨2⟩	⟨3⟩	⟨5⟩	⟨2⟩	⟨4⟩	⟨3⟩	⟨5⟩
FTiS	420	421	421	438	760	795	837	853	1100	1169
BTiL	420	531	641	749	844	935	1035	1128	1010	1110
FTiL	531	641	749	844	935	1035	1128	1234	1327	1424
PTiS	420	421	421	438	339	374	399	413	340	374
PTiL	111	110	108	95	91	100	93	106	93	97

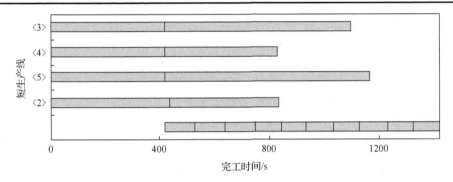

图 10-12 {[⟨3⟩,⟨4⟩,⟨5⟩,⟨2⟩],(1)} 的前十批完工时间

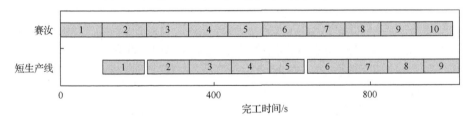

图 10-13 {[⟨2,3,4,5⟩],(1)} 的前十批完工时间

建议 10.3 最小化完工时间时,具有平均技能水平的工人应留在短生产线中。
五种产品组合后的工人技能水平如表 10-17 所示(可以通过表 10-8 得出)。在前 5 个工人中,工人 4、2 和 1 分别是具有最好、最差和平均技能的工人。

表 10-17 五种产品组合后的工人技能水平

产品类型	1	2	3	4	5
{1,2,3,4,5}	5.35	5.93	5.38	5.22	5.44

为了解释这个有趣的现象,这里描述了 {[⟨1,2,3,5⟩],(4)}、{[⟨1,3,4,5⟩],(2)} 和 {[⟨2,3,4,5⟩],(1)} 的完工时间,分别如图 10-14、图 10-15 和图 10-13 所示。

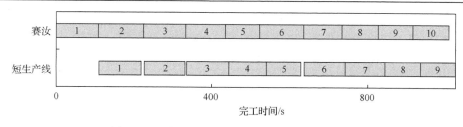

图 10-14　{[<1,2,3,5>],(4)}的前十批的完工时间

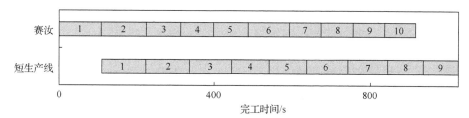

图 10-15　{[<1,3,4,5>],(2)}的前十批的完工时间

图 10-14 显示，如果技术最好的工人留在短生产线中，那么短生产线的效率最高，短生产线需要等待 5 批赛汝完成的(即批次 1、2、3、6 和 10)产品。在图 10-14 中，等待由赛汝完成的批量被表示为两个相邻批次之间的空闲，如批次 1 和 2 之间的空闲。

图 10-15 显示，如果技能最差的工人留在短生产线中，那么短生产线的效率最差，赛汝效率比短生产线好。例如，赛汝中的批次 10 在短生产线中的批次 8 之前就完成了。

然而，图 10-13 显示，如果平均技能水平的工人留在短生产线中，那么短生产线和赛汝之间的平衡较好，短生产线只需等待 3 批赛汝完成的产品(即批次 1、2 和 6)。

在短生产线上留下平均技能水平的工人可以保护赛汝和短生产线之间的平衡，这种平衡对生产系统很重要[16]。然而，混合赛汝系统的平衡是复杂的，包括赛汝中工人的平衡、赛汝中的平衡、短生产线中工人的平衡及赛汝与短生产线之间的平衡。应该研究如何测量混合赛汝系统中的这些平衡，以及如何提高混合赛汝系统的整体平衡。

10.7.2　如何构建混合赛汝系统以尽量减少总劳动时间

表 10-18 显示了 5～8 个工人的情况下由精确算法产生的前 3 个最小总劳动时间解。生产线的总劳动时间分别为 17320s、21121s、25117s 和 29497s。

建议 10.4　最小化总劳动时间时，应构建短生产线上有 1 个工人的混合赛汝系统。

表 10-18　5～8 个工人情况下前 3 个最小总劳动时间解

工人数	混合赛汝系统构造	混合系统总劳动时间/s	赛汝的总劳动时间/s
5	{[⟨3⟩,⟨4⟩,⟨5⟩,⟨2⟩],(1)}	14722.8	11808.7
5	{[⟨5⟩,⟨4⟩,⟨3⟩,⟨2⟩],(1)}	14722.9	11808.8
5	{[⟨5⟩,⟨1,4⟩,⟨3⟩],(2)}	14732	11499
6	{[⟨2⟩,⟨4⟩,⟨3⟩,⟨1⟩,⟨5⟩],(6)}	17392	14563
6	{[⟨3⟩,⟨4⟩,⟨2⟩,⟨1⟩,⟨5⟩],(6)}	17399	14570
6	{[⟨2⟩,⟨6⟩,⟨3⟩,⟨4⟩,⟨5⟩],(1)}	17426	14513
7	{[⟨7⟩,⟨6⟩,⟨2⟩,⟨5⟩,⟨3⟩,⟨4⟩],(1)}	20488	17574
7	{[⟨7⟩,⟨6⟩,⟨2⟩,⟨1⟩,⟨3⟩,⟨5⟩],(4)}	20532	17677
7	{[⟨3⟩,⟨1⟩,⟨7⟩,⟨2,5,6⟩],(4)}	20539	17683
8	{[⟨8⟩,⟨3⟩,⟨2,7⟩,⟨1⟩,⟨6⟩,⟨5⟩],(4)}	23383	20526
8	{[⟨2,7⟩,⟨3⟩,⟨8⟩,⟨1⟩,⟨6⟩,⟨5⟩],(4)}	23384	20527
8	{[⟨7⟩,⟨4⟩,⟨8⟩,⟨2,6⟩,⟨3⟩,⟨5⟩],(1)}	23424	20510

　　根据式(10-2)～式(10-3)和式(10-7)可知，如果有超过 1 个工人在短生产线上，那么短生产线的总劳动时间可以通过移动最差的工人到赛汝中来改善。

　　建议 10.5　最小化总劳动时间时，应构建更多赛汝的混合系统。

　　如果赛汝的数量很少，那么赛汝可能包含许多工人。根据式(6-2)～式(6-4)和式(10-7)，在超过 1 个工人的赛汝中，其他工人会受到最差工人的影响。事实上，当赛汝中仅包含 1 个工人时，工人可以发挥最大能力。因此，应该建立更多的赛汝来减少总劳动时间。这个建议与纯赛汝系统的建议一致[7]。

10.7.3　如何在混合赛汝系统上进行调度以最小化完工时间

　　建议 10.6　最小化完工时间，应尽可能地将大部分批次分配到该批次最短加工时间的赛汝中去。

　　正如建议 10.2 所述，为了尽量减少完工时间，最优解通常只有 1 个赛汝，调查如何在只有 1 个赛汝的赛汝系统上进行调度是没有意义的。因此，使用有 2 个具有 2 个赛汝的混合系统解来研究如何在赛汝系统上进行调度，以尽量减少完工时间，这 2 个解是{[⟨3,5⟩,⟨1,2⟩],(4)}和{[⟨1,2⟩,⟨3,5⟩],(4)}。对于前者，完工时间是 3181s；对于后者，完工时间是 3193s。两个赛汝系统的调度结果分别显示在表 10-19 和表 10-20 中。

表 10-19　{[⟨3,5⟩,⟨1,2⟩],(4)} 中赛汝系统的调度结果

赛汝	构造	加工的批次	产品类型
1	⟨3,5⟩	1、3、5、7、9、11、13、15、17、18、21、22、24、26、28、30	3、3、1、1、2、2、3、5、1、4、1、3、5、3、4、3
2	⟨1,2⟩	2、4、6、8、10、12、14、16、19、20、23、25、27、29	5、4、4、2、3、4、4、5、2、5、4、2、1、2

表 10-20   {[⟨1,2⟩,⟨3,5⟩,(4)]} 中赛汝系统的调度结果

赛汝	构造	加工的批次	产品类型
1	⟨1,2⟩	1、3、6、8、10、12、14、16、19、20、23、25、27、29	3、3、4、2、3、4、4、5、2、5、4、2、1、2
2	⟨3,5⟩	2、4、5、7、9、11、13、15、17、18、21、22、24、26、28、30	5、4、1、1、2、2、3、5、1、4、5、4、3、4、3

在表 10-19 中，赛汝 1（即⟨3,5⟩）处理批次 1、3、5、7、9、11、13、15、17、18、21、22、24、26、28 和 30，并且这些批次的产品类型是 3、3、1、1、2、2、3、5、1、4、1、3、5、3、4 和 3。

在表 10-19 中，大多数产品类型 3 和 1 被分配到⟨3,5⟩的赛汝中。由表 10-8 可知，工人 3 和 5 对产品类型 3 和 1 有更好的技能。

表 10-20 显示仅前四批次的计划结果不同于表 10-19，即⟨1,2⟩的赛汝处理批次 1 和 3 及⟨3,5⟩的赛汝处理批次 2 和 4。由于⟨1,2⟩的赛汝处理产品类型 3（即批次 1 和 3）的两批产品，因此其加工时间比⟨3,5⟩的赛汝加工时间多 12s（3193–3181=12）。

建议 10.6 意味着 1 个好的调度规则应尽可能将产品分配给该批次最短加工时间的赛汝中，这与纯赛汝系统的建议相似[7]。

10.7.4   如何调度赛汝系统以减少总劳动时间

建议 10.7   最小化总劳动时间时，应尽可能将大部分产品分配给该批次最短加工时间的赛汝。

利用有 4 个赛汝（即{[⟨3⟩,⟨4⟩,⟨5⟩,⟨2⟩],(1)}和{[⟨2⟩,⟨5⟩,⟨4⟩,⟨3⟩],(1)]}）的 2 个混合系统，研究如何在赛汝系统上调度以最小化总劳动时间。对于有 5 个工人的最小总劳动时间，前者是最优的且总劳动时间为 14722s；后者排名第 115 位，总劳动时间为 15025s。赛汝系统的调度结果分别显示在表 10-21 和表 10-23 中。

表 10-21   {[⟨3⟩,⟨4⟩,⟨5⟩,⟨2⟩],(1)} 中赛汝系统的调度结果

赛汝	构造	加工的批次	产品类型
1	⟨3⟩	1、5、9、13、17、21、25、28	3、1、2、3、1、1、2、4
2	⟨4⟩	2、6、12、16、20、23、27	5、4、4、5、5、4、1
3	⟨5⟩	3、7、10、14、18、22、26、30	3、1、3、4、3、3、3、3
4	⟨2⟩	4、8、11、15、19、24、29	4、2、2、5、2、5、2

从表 10-21 和表 10-23 中可以获得有关赛汝处理的产品类型的详细信息，分别如表 10-22 和表 10-24 所示。

在表 10-22 中，产品类型 1 由⟨3⟩、⟨4⟩和⟨5⟩的赛汝处理，并且⟨3⟩、⟨4⟩和⟨5⟩的赛汝分别处理了 3 批、1 批和 1 批。因此，处理产品类型 1 的总技能等于 $3\beta_{31}+\beta_{41}+\beta_{51}=3\times0.96+0.94+0.96=4.78$。

表 10-22 {[⟨3⟩,⟨4⟩,⟨5⟩,⟨2⟩],(1)} 中由赛汝处理的产品类型的详细信息

产品类型	加工该类型的赛汝	对应批次数	详细技能水平	总技能水平
1	⟨3⟩、⟨4⟩、⟨5⟩	3、1、1	3×0.96+0.94+0.96	4.78
2	⟨3⟩、⟨2⟩	2、4	2×0.98+4×1.15	6.56
3	⟨3⟩、⟨5⟩	2、5	2×1.06+5×1.08	7.52
4	⟨3⟩、⟨4⟩、⟨5⟩、⟨2⟩	1、3、2、1	1.16+3×1.09+2×1.07+1.24	7.81
5	⟨4⟩、⟨2⟩	3、2	3×1.1+2×1.29	5.88

比较表 10-24 和表 10-22 可知，表 10-24 中处理每种产品类型（产品类型 2 除外）的总技能水平总是优于表 10-22 中的值。但是，产品类型 2 的劣化差异非常小，只有 0.09（即 6.56–6.47=0.09）。

表 10-23 {[2, 5, 4, 3], (1)} 中的赛汝系统的调度结果

赛汝	工人	加工的批次	产品类型
1	⟨2⟩	1、7、12、16、21、25、29	3、1、4、5、1、2、2
2	⟨5⟩	2、8、10、15、19、23、27	5、2、3、5、2、4、1
3	⟨4⟩	3、6、11、14、18、22、26、30	3、2、4、4、3、3、3
4	⟨3⟩	4、5、9、13、17、20、24、28	4、1、2、3、1、5、5、4

表 10-24 {[⟨2⟩,⟨5⟩,⟨4⟩,⟨3⟩],(1)} 中由赛汝处理的产品类型的详细信息

产品类型	加工该类型的赛汝	对应批次数	详细技能水平	总技能水平
1	⟨2⟩、⟨5⟩、⟨3⟩	2、1、2	1.09×2+0.96+0.96×2	5.06
2	⟨2⟩、⟨5⟩、⟨4⟩、⟨3⟩	2、2、1、1	1.15×2+1.1×2+0.99+0.98	6.47
3	⟨2⟩、⟨5⟩、⟨4⟩、⟨3⟩	1、2、4、1	1.16+1.08×2+1.1×4+1.06	8.78
4	⟨2⟩、⟨5⟩、⟨4⟩、⟨3⟩	1、1、3、2	1.24+1.07+1.09×3+1.16×2	7.9
5	⟨2⟩、⟨5⟩、⟨3⟩	1、2、2	1.29+1.23×2+1.22×2	6.19

表 10-24 和表 10-22 的比较表明，产品应尽可能分配给该批次最短加工时间的赛汝中处理，以尽量减小总劳动时间。

10.8 本 章 小 结

本章重点研究了混合赛汝系统运作的基本原理。首先，在综合框架中构建了主要的混合赛汝系统的最优运作模型，并阐明了复杂度。然后，阐述了模型的性质，为不同规模的实例开发了穷举算法和快速启发式算法。最后，调查一些关于如何构建混合系统及如何在混合系统上进行调度的管理问题，提出了有关混合赛汝系统运作的建议，即具有平均技能水平的工人应留在短生产线中[25]。

参 考 文 献

[1] Liu C, Stecke K E, Lian J, et al. An implementation framework for Seru production[J]. International Transactions in Operational Research, 2014, 21(1): 1-19.

[2] Stecke K E, Yin Y, Kaku I. Seru: The organizational extension of JIT for a super-talent factory[J]. International Journal of Strategic Decision Sciences, 2012, 3(1): 105-118.

[3] Zhang X L, Liu C G, Li W J, et al. Effects of key enabling technologies for Seru production on sustainable performance[J]. Omega, 2017, 66: 290-307.

[4] Sakazume Y. Is Japanese cell manufacturing a new system? A comparative study between Japanese cell manufacturing and cellular manufacturing[J]. Journal of Japan Industrial Management Association, 2005, 55(6): 341-349.

[5] Kaku I, Gong J, Tang J F, et al. Modeling and numerical analysis of line-cell conversion problems[J]. International Journal of Production Research, 2009, 47(8): 2055-2078.

[6] Takeuchi N. Seru Production System[M]. Tokyo: JMA Management Center, 2006.

[7] Yu Y, Gong J, Tang J F, et al. How to carry out assembly line-cell conversion? A discussion based on factor analysis of system performance improvements[J]. International Journal of Production Research, 2012, 50(18): 5259-5280.

[8] Yu Y, Tang J F, Sun W, et al. Reducing worker(s) by converting assembly line into a pure cell system[J]. International Journal of Production Economics, 2013, 145(2): 799-806.

[9] Yu Y, Tang J F, Gong J, et al. Mathematical analysis and solutions for multi-objective line-cell conversion problem[J]. European Journal of Operational Research, 2014, 236(2): 774-786.

[10] Sun W, Li Q, Huo C, et al. Formulations, features of solution space, and algorithms for line-pure Seru system conversion[J]. Mathematical Problems in Engineering, 2016, (1): 1-14.

[11] Mohammadi M, Forghani K. Designing cellular manufacturing systems considering s-shaped layout[J]. Computers & Industrial Engineering, 2016, 98: 221-236.

[12] Zohrevand A M, Rafiei H, Zohrevand A H. Multi-objective dynamic cell formation problem: A stochastic programming approach[J]. Computers & Industrial Engineering, 2016, 98: 323-332.

[13] Andradóttir S, Ayhan H, Down D G. Design principles for flexible systems[J]. Production and Operations Management, 2013, 22(5): 1144-1156.

[14] Yin Y, Kaku I, Stecke K E. The evolution of Seru production systems throughout Canon[J]. Operations Management Education Review, 2008, 2: 35-39.

[15] van der Zee D J, Gaalman G J C. Routing flexibility by sequencing flexibility-exploiting product structure for flexible process plans[C]//Proceedings of the Third International Conference on Group Technology/Cellular Manufacturing, Groningen, 2006: 195-202.

[16] Delgoshaei A, Ali A, Ariffin M K A, et al. A multi-period scheduling of dynamic cellular manufacturing systems in the presence of cost uncertainty[J]. Computers & Industrial Engineering, 2016, 100: 110-132.

[17] Ramezanian R, Ezzatpanah A. Modeling and solving multi-objective mixed-model assembly line balancing and worker assignment problem[J]. Computers & Industrial Engineering, 2015, 87: 74-80.

[18] Moreira M C O, Cordeau J F, Costa A M, et al. Robust assembly line balancing with heterogeneous workers[J]. Computers & Industrial Engineering, 2015, 88: 254-263.

[19] Liao C J, Lee C H, Lee H C. An efficient heuristic for a two-stage assembly scheduling problem with batch setup times to minimize makespan[J]. Computers & Industrial Engineering, 2015, 88: 317-325.

[20] Lin S W, Ying K C. Minimizing makespan for solving the distributed no-wait flowshop scheduling problem[J]. Computers & Industrial Engineering, 2016, 99: 202-209.

[21] Garey M R, Johnson D S. Computers and Intractability: A Guide to the Theory of NP-Completeness[M]. New York: W. H. Freeman and Company, 1979.

[22] Knopfmacher A, Mays M. Ordered and unordered factorizations of integers[J]. Mathematica Journal, 2006, 10(1): 72-89.

[23] Rennie B C, Dobson A J. On stirling numbers of the second kind[J]. Journal of Combinatorial Theory, 1969, 7(2): 116-121.

[24] Yu Y, Wang S H, Tang J F, et al. Complexity of line-Seru conversion for different scheduling rules and two improved exact algorithms for the multi-objective optimization[J]. SpringerPlus, 2016, 5(1): 1-26.

[25] Yu Y, Sun W, Tang J F, et al. Line-hybrid Seru system conversion: Models, complexities, properties, solutions and insights[J]. Computers & Industrial Engineering, 2017, 103: 282-299.

第11章 考虑需求场景波动的赛汝生产系统的设计优化

11.1 引　　言

由于季节性原因或节假日促销等，市场需求通常按照一定的规律或产品组合出现，企业每天应对的生产需求也不尽相同。为了解决这一问题，企业在经营的各个方面都要寻求更好的工作方式，例如，通过供应商和制造商之间的订单分配[1]，平衡生产和库存[2-3]及协调制造商和销售商[4]等。与此同时，赛汝系统的设计与优化也是提升企业整体竞争力的重要环节。

文献[5]最先提出以最小化完工时间和总劳动时间为目标，构建流水生产线和赛汝混合系统的多目标优化模型，以数值仿真的方法验证模型的有效性并分析产品种类、批次数量、批次大小及任务规模对目标函数的影响。文献[6]考虑由流水生产线向赛汝生产转换过程中的工人培训成本，以最小化培训成本和加工周期为目标进行赛汝系统的构建。文献[7]和[8]对流水生产线向纯赛汝生产转换的问题进行研究，以最小化完工时间和工人加工时间及减少工人数为目标建模。以上研究的共同点是：针对(每天)特定的生产任务(包括产品种类和数量)，在流水生产线向赛汝系统转化的生产场景下，给出相应的赛汝生产(混合赛汝系统或纯赛汝系统)及生产调度方案。这种赛汝生产的优点是：柔性好，均能适应任何不同的生产任务(需求)、产品种类和批量大小；该系统的缺点是：由于现实需求的波动(包括产品种类和批量大小)和不稳定，企业需要频繁进行生产系统的构建，这样不仅造成资源闲置和浪费(如添置新的工作平台、辅助性的移动设施和工具等)，而且赛汝内部的人员频繁调整，合作不稳定，生产效率受到相应影响。另外，在实际的企业中，频繁调整生产线也不容易被接受。文献[9]虽然提出生产任务的批次种类和批次大小按照相应规律随机生成，但是优化的过程中仍是按照已知的任务进行。因此，在保证系统柔性同时兼顾效率和稳定性时，考虑面向一定周期的赛汝生产的构建具有十分重要的意义。

本章的主要内容是讨论需求波动场景下的赛汝生产的最优系统设计。完工时间的大小直接关系到产品的交货期，因此为避免由需求波动引起的赛汝系统重构成本，本章通过建立考虑需求波动的赛汝生产最优方案，决策需要构建的赛汝数量、工人与赛汝之间的分配方式及产品批次向赛汝的分配方法，构建需求波动场景下最小化完工时间的期望和方差的赛汝系统多目标优化模型。其中，最小化完工时间的期望值和方差值分别是为了使系统能在需求波动的场景下具备较好的期望性能和较为稳定的表现。任务确定型的赛汝生产最优运作问题已被证明为 NP 难问题[9]，不存在多项式时间内求得最优解的精确优化算法。该问题由于考虑了需求的波动性而比原问题更为复杂，因此需采用有效的启发式优化算法对问题进行求解。NSGA-II 算法作为求解多目标优化问题的启发式算法，在收敛速度和解的多样性方面均表现出较好的性能，是目前综合性能较好且应用较为广泛的多目标优化算法。针对模型的特点采用基于 NSGA-II 的算法对本问题进行求解，并通过数值实验说明模型和方法的运用规则和相关性质。

11.2　问题描述与模型建立

11.2.1　问题描述

本章考虑在一个需求波动的环境下存在 S 种可能的需求场景，第 s 种场景出现的概率为 p_s，所有可能出现场景的概率之和为 1，即 $\sum p_s = 1$。每种场景下的需求均为 N 种产品的不同批次组合，每种场景会有 M 个批次且每个批次只有一种产品类型。在此生产环境下，设计 W 个工人赛汝生产最优运作方案。在生产系统中所有工人均为多能工，即可以独立完成任何一种产品类型的全部操作且全部分配到各个赛汝中。流水生产线的节拍时间 T、完成第 n 种产品的各工序 l 的标准加工时间 T_{nl}（$T_{nl} \leqslant T$）及工序的先后关系已知。单个批次的产品全部分配到同一个赛汝中进行加工且批次不拆分。由于工人全部为多能工，每个赛汝都具备完整加工任何类型产品的能力，因此不存在产品的赛汝间移动。系统中的基本单位均为巡回式赛汝，分配到每个赛汝内的工人数可以不同。通过决策构建赛汝的数量、每个赛汝内分配的工人数量及每种场景下各批次与赛汝的分配方案，构建最小化完工时间的期望和方差的多目标优化模型。最小化完工时间期望值可以减小生产的期望交货期，在需求波动环境下提升企业的竞争力；最小化完工时间的方差保证了在需求变动环境下系统的稳定性，不会由需求的波动造成加工周期的变动幅度过大。每种场景下的批次之间均采用先到先服务调度规则，按照批次顺序依次分配到第一个空闲的赛汝中，如果没有空闲的赛汝就分配到最先完成的赛汝中。

本章采用巡回式赛汝作为构建赛汝生产的基本单位，即分配到赛汝内的每一名工人独立完成所有类型产品的所有工序。当多名工人分配到同一个巡回式赛汝中时，工人各自按顺序完成所分配产品的全部工序，因此巡回式赛汝也称为逐兔式赛汝。

11.2.2　参数说明

1）索引号

l：工序的索引号，$l=1,2,\cdots,L$，L 为原有流水生产线上的工作站即工序的数量，每个工序由一名工人进行操作；

i：工人的索引号，$i=1,2,\cdots,W$，$W=L$；

p_s：第 s 个场景出现的概率，$\sum_{s=1}^{S} p_s = 1$，$s=1,2,\cdots,S$，S 为可能出现的各种场景的集合；

n：产品类型的索引号，$n=1,2,\cdots,N$，N 为生产任务中产品的种类数；

m：批次顺序的索引号，$m=1,2,\cdots,M$，M 为每种场景下的批次个数。

2）参数变量

$V_{mns} = \begin{cases} 1, & 场景s下第m个批次的产品类型为n \\ 0, & 其他 \end{cases}$；

B_{ms}：场景 s 下第 m 个批次的产品数量；

T_{nl}：第 n 类产品的第 l 个工序的标准加工时间；

γ_{il}：工人 i 对工序 l 的操作熟练程度；

St_n：第 n 类产品在赛汝内的生产准备时间；

SL_n：第 n 类产品在流水生产线上的生产准备时间。

3）决策变量

J：构建赛汝的数量，$1 \leqslant J \leqslant W$；

$X_{ij} = \begin{cases} 1, & 工人i分配到赛汝j中 \\ 0, & 其他 \end{cases}$；

$Z_{mjks} = \begin{cases} 1, & 在场景s下第m个批次以第k个顺序被分配到赛汝j中 \\ 0, & 其他 \end{cases}$。

11.2.3　模型构建

本章研究的赛汝生产最优设计，工人在原有的流水生产线上只加工一道工序。对于原有 L 个工序和 W 个工人的流水生产线向赛汝系统转换问题，在培养流水生产线单序工人成为全能工的过程中，由于工人学习能力和自身工作经验等原因，工人 i 对工序 l 的熟练程度是不同的，用 $\gamma_{il} \geqslant 1$ 表示。γ_{il} 越接近 1 表示工人 i 对工序 l 的操作熟练程度越高；反之，γ_{il} 的值越大表示工人对该工序的熟练程度越低。因此，工人 i 完成第 n 类产品第 l 个工序的加工时间为 $T_{nl}\gamma_{il}$。在场景 s 下第 m 个批次中单个产品在所分配的赛汝 j 中的操作时间 TT_{ms} 如式（11-1）所示，第 m 个批次全部产品完成加工的时间 TF_{ms} 如式 (11-2) 所示。

$$
TT_{ms} = \frac{\sum_{n=1}^{N}\sum_{i=1}^{W}\sum_{j=1}^{J}\sum_{k=1}^{M}\sum_{l=1}^{L} V_{mns}T_{nl}\gamma_{il}X_{ij}Z_{mjks}}{\sum_{i=1}^{W}\sum_{j=1}^{J}\sum_{k=1}^{M} X_{ij}Z_{mjks}} \tag{11-1}
$$

$$
TF_{ms} = \frac{B_{ms}TT_{ms}}{\sum_{i=1}^{W}\sum_{j=1}^{J}\sum_{k=1}^{M} X_{ij}Z_{mjks}} \tag{11-2}
$$

由于不同产品类型的加工工艺和装配部件不同，每类产品在生产之前都需要进行生产环境的重置，产生生产准备时间。生产过程中，每个赛汝生产产品的前后两批次产品类别不同时便会产生生产准备时间，当前后加工的两个批次为相同产品类型时准备时间为 0，在场景 s 下第 m 个批次的生产准备时间 TS_{ms} 如式 (11-3) 所示。其中，$1-\sum_{m'=1}^{M} V_{m'ns}Z_{m'j(k-1)s}$ 为 0~1 变量，表示分配到同一赛汝的上一个批次是否与当前批次为同一类型产品，若是同一类型，则结果为 0，若是不同类型，则结果为 1。若第 m 个批次为分配到该赛汝的第一个批次，则该值为 1。第 m 个批次的开始加工时间 TB_{ms} 为该赛汝中上一个批次的加工完成时间，若第 m 个批次为所分配赛汝中第一个进行加工的批次，则 $TB_{ms}=0$，具体表达式如式 (11-4) 所示。在此基础上，场景 s 下完工时间以该赛汝生产中最后一个完成生产任务的赛汝总完成时间表示，表达式如式 (11-5) 所示。

$$
TS_{ms} = \sum_{n=1}^{N} St_n V_{mns}\left(1-\sum_{m'=1}^{M} V_{m'ns}Z_{m'j(k-1)s}\right), \quad \left\{(j,k)\middle| Z_{mjks}=1, \ \forall j,k\right\} \tag{11-3}
$$

$$
TB_{ms} = \sum_{q=1}^{m-1}\sum_{j=1}^{J}\sum_{k=1}^{m} (TF_{qs} + TS_{qs})Z_{mjks}Z_{qj(k-1)s} \tag{11-4}
$$

$$
MS_s = \max_m (TB_{ms} + TF_{ms} + TS_{ms}) \tag{11-5}
$$

考虑按场景波动的需求情景，完工时间均值和方差最小的赛汝生产多目标模型表述为

$$
E = \min \sum_{s=1}^{S} MS_s p_s \tag{11-6}
$$

$$D = \min \sum_{s=1}^{S} (\mathrm{MS}_s - E)^2 p_s \tag{11-7}$$

$$\text{s.t.} \quad \sum_{j=1}^{J} X_{ij} = 1, \quad \forall i \tag{11-8}$$

$$\sum_{i=1}^{W} X_{ij} \leqslant W, \quad \forall j \tag{11-9}$$

$$\sum_{i=1}^{W} \sum_{j=1}^{J} X_{ij} = W \tag{11-10}$$

$$\sum_{j=1}^{J} \sum_{k=1}^{M} Z_{mjks} = 1, \quad \forall m, s \tag{11-11}$$

$$\sum_{m=1}^{M} \sum_{k=1}^{M} Z_{mjks} = 0, \quad \forall s ; \left\{ j \mid \sum_{i=1}^{W} X_{ij} = 0, \forall j \right\} \tag{11-12}$$

$$\sum_{j=1}^{J} \sum_{k=1}^{M} Z_{mjks} \leqslant \sum_{j'=1}^{J} \sum_{k'=1}^{M} Z_{(m-1)j'k's}, \quad m = 2, 3, \cdots, M; \forall s \tag{11-13}$$

$$1 \leqslant J \leqslant W \tag{11-14}$$

$$X_{ij}, \ Z_{mjks} \in \{0,1\}, \quad \forall i, j, k, s \tag{11-15}$$

目标函数式(11-6)表示最小化各种可能场景下的完工时间的期望值；目标函数式(11-7)表示最小化各种可能场景下的完工时间的方差；约束式(11-8)表示每名工人只能被分配到一个赛汝中；约束式(11-9)和式(11-10)表示分配到任一赛汝中的工人数不超过原有流水生产线上的工人总数，且所有工人都分配到了赛汝系统中；约束式(11-11)表示在任一场景下每个批次都会被分配也只能被分配到一个赛汝中，且不能被拆分；约束式(11-12)表示所有的批次都不会被分配到没有工人的赛汝内；约束式(11-13)表示任一场景下各个批次都要按序进行分配，采用先到先服务调度规则；式(11-14)和式(11-15)是决策变量的取值范围约束。

11.3　求　解　算　法

本章提出的模型属于多目标优化问题。考虑一个简单的情景，当 $s=1$ 时，本问题转换为确定性任务的赛汝生产问题，该问题已经被证明是 NP 难问题。因为本问题中，$s \geqslant 1$，复杂程度更高，所以本问题也是 NP 难问题，不存在多项式时间内求得最优解的精确算法。因此，根据所研究问题的特征，本章选择使用基于 NSGA-II 的优化算法进行求解。

11.3.1　染色体编码

本节的目的是求解工人组成赛汝系统的构建方案，因此每条染色体以工人和赛汝的对应关系为描述对象，采用顺序编码制进行编码。对于有 W 个工人的赛汝生产，采用 $1 \sim 2W-1$ 的数字进行编码，小于或等于 W 的数字代表工人，大于 W 的数字代表分割数。例如，染色体"7264513"表示有 4 名工人的一个赛汝构建方案。其中，大于 4 的数字代表分隔符号，小于或等于 4 的数字代表待分配工人的编号，该染色体表示系统共分割为 3 个赛汝，工人 2 分配到第一个赛汝、工人 4 分配到第二个赛汝、工人 1 和工人 3 分配到第三个赛汝。

11.3.2　交叉与变异

为了适应本节的编码方式，确保交叉运算后染色体的可行性，本节选择两点顺序交叉法进行交叉运算。例如，染色体 1（"7264513"）和染色体 2（"3142657"）进行交叉运算，采用两点顺序交叉法得到的运算结果为子染色体 1（"12|645|73"）和子染色体 2（"75|426|13"）。运用该交叉方式可以满足染色体的可行性，免去对染色体调整所产生的运算复杂性。

在变异运算中，针对问题的特征采取随机选择两点元素互换的方式进行。例如，对染色体"3142657"进行变异运算，在染色体中随机选择两点，变异结果为"3642157"。通过两点互换的变异操作可以更改原有赛汝构建方案中工人的分配方式或者构建赛汝的数量，该变异方式可以在保证个体可行性的同时丰富解的多样性。

11.3.3　精英保留策略

每一次迭代根据规模为 N 的父代种群 P_i 生成与父代种群规模一致的子代种群 Q_i，将 P_i 和 Q_i 合并。由于问题的特殊性，编码规则的特征会导致不同染色体编码得到同样的解码结果，例如，"7264513"和"6254731"两个个体的编码不同，但解码结果是相同的。为了避免优化进入局部最优解，首先将并集进行重复性剔除，即剔除解码相同的个体。在此基础上，运用锦标赛法对全部个体进行非支配排序，按照种群内个体的优劣程度选择最优的 N 个个体作为新一代的父代种群 P_{i+1}。

11.3.4　算法步骤

基于文献[23]提出的 NSGA-II 算法，针对本节研究问题的特点，下面给出该算法步骤。

步骤 1：随机生成规模为 N 的初始种群 P_0。

步骤 2：将种群内的个体进行解码并计算每个个体的各分目标的目标值和适应值。

步骤 3：对种群内的个体进行非支配排序和拥挤距离的计算，并按优劣程度排列个体。

步骤 4：通过交叉和变异等操作进行遗传算法的运算，生成规模为 N 的后代种群 Q_0。

步骤 5：将 P_0 和 Q_0 合并为规模为 $2N$ 的种群 $P_0 \cup Q_0$。

步骤 6：对 $P_0 \cup Q_0$ 进行解码来重复个体的剔除操作。

步骤 7：将种群内的个体解码并计算每个个体的各分目标的目标值和适应值。

步骤 8：对种群内的个体进行非支配排序和拥挤距离的计算，并按优劣程度排列个体。

步骤 9：按顺序选择最优的 N 个个体作为新的父代种群 P_1。

步骤 10：重复步骤 4～步骤 9，直至达到最大迭代次数。

步骤 11：输出最终非支配排序解。

11.4　数值实验分析

11.4.1　基本算例

上述算法利用 MATLAB 语言编程实现，并在 Intel(R) Core i5 处理器和 8G 内存的计算机中进行了大量的数据检验计算，取得了较好的效果，下面给出一个具体的算例来说明模型和算法的应用。本节以 Yu 等[9]提出的实例数据为例，来验证本章提出的模型和算法的效果。由于 Yu 等的研究没有考虑需求波动的因素，因此本节在原问题的基础上，对参数进行扩充来适应动态需求情景下的赛汝系统构建问题。在本节中，假设有 5 种可能出现的场景，各种场景出现的概率和为 1。在一条由 6 道工序组成的流水生产线上由 6 名工人完成 5 种不同产品。针对每个可能出现的场景，随机生成 25 个批次的生产任务，每个批次内由单一种类的 10 件产品组成，产品种类随机生成，各场景的产品组合和概率具体数据如表 11-1 所示。流水生产线的一个显著特点是各工序的操作时间小于等于流水生产线的节拍时间，假设原流水生产线的节拍时间为 1.8min，而第 n 类产品的第 l 个工序的操作时间 T_{nl} 在[1.4,1.8]中随机产生，产品在流水生产线上各工序的操作时间如表 11-2 所示。工人对各工序的熟练程度 γ_{il} 如表 11-3 所示。当赛汝生产的前后两个批次为不同类型产品时会产生生产准备时间，由于产品类型的不同，准备时间不完全一致，具体如表 11-4 所示。

表 11-1　各场景的产品组合和概率

批次	产品类型				
	情景 1	情景 2	情景 3	情景 4	情景 5
1	5	4	3	3	1
2	3	5	3	2	3
3	4	1	5	5	3
4	5	2	3	2	3
5	2	5	1	1	5
6	4	3	3	1	2
7	5	5	2	1	2
8	3	4	4	5	2
9	5	3	2	1	1
10	4	3	1	4	5
11	3	3	3	5	3
12	5	3	4	1	3
13	1	1	1	2	4
14	2	3	3	1	4
15	1	3	5	5	2
16	1	4	4	4	4
17	5	3	3	3	1
18	5	5	4	4	3
19	4	5	3	5	3
20	4	1	5	5	2
21	2	1	3	2	4
22	1	1	1	3	3
23	2	1	1	5	4
24	2	4	5	2	2
25	3	5	1	5	4

注：p_s 分别取为 0.1、0.4、0.2、0.1 和 0.2。

表 11-2　产品在流水生产线上各工序的操作时间　（单位：min）

产品	工序 1	工序 2	工序 3	工序 4	工序 5	工序 6
1	1.5	1.5	1.6	1.7	1.6	1.6
2	1.4	1.5	1.6	1.4	1.8	1.7
3	1.4	1.4	1.6	1.5	1.5	1.7
4	1.8	1.7	1.5	1.8	1.4	1.4
5	1.7	1.4	1.4	1.8	1.6	1.5

表 11-3　工人对各工序的熟练程度

工人	工序 1	工序 2	工序 3	工序 4	工序 5	工序 6
1	1.00	1.00	1.03	1.05	1.05	1.05
2	1.03	1.00	1.01	1.02	1.07	1.00
3	1.04	1.05	1.00	1.12	1.00	1.02
4	1.02	1.10	1.06	1.00	1.10	1.11
5	1.18	1.11	1.11	1.00	1.00	1.03
6	1.11	1.02	1.09	1.04	1.06	1.00

表 11-4　产品生产准备时间　　　　（单位：min）

产品类型	赛汝系统生产准备时间 St_n	流水生产线生产准备时间 SL_n
1	1.3	2.3
2	1.4	2.4
3	1.2	2.2
4	1.6	2.6
5	1.1	2.1

11.4.2　基本算例的 Pareto 解

运用本节提出的算法，种群规模为 100，交叉概率为 0.8，变异概率为 0.2，迭代次数为 60 次，求得有 6 个工人的考虑需求波动的因素所构建的赛汝系统有 7 个 Pareto 解，如表 11-5 和图 11-1 所示。运用 NSGA-II 算法求得的结果与枚举法求得的最优解一致，证明了算法的有效性。表 11-5 中结果均为 Pareto 最优集并按照完工时间的期望值从小到大排列。从表 11-5 中计算结果可知，完工时间的期望值较低时将同时具有较高的方差值，即期望值的更优是以波动性更大为代价的。决策者可以根据对完工时间的偏好选择适合自己的方案进行赛汝系统的构建。若决策者更关注期望值的降低，则选择方案 1；若决策者更希望减少场景波动时的变动，则选择方案 5，即方差较小的方案。

表 11-5　有 6 个工人的赛汝生产的 Pareto 集

Pareto 解序号	期望/min	方差	赛汝构建方案
1	428.9330	6.3193	{4,5,6}{1,2,3}
2	431.4316	0.7429	{5}{6}{4}{1,2,3}
3	440.7610	0.4933	{3,4,5}{1,2}{6}
4	484.8400	0.3129	{6}{2}{1,4}{5}{3}
5	484.8400	0.3129	{6}{2}{1,5}{4}{3}
6	485.3750	0.2258	{6}{3}{2}{4}{5}{1}
7	488.9040	0.1191	{4}{2,3}{6}{1}{5}

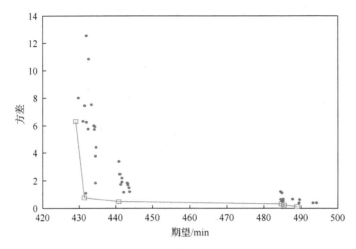

图 11-1　有 6 个工人的赛汝生产的 Pareto 集

当使用流水生产线方式进行生产时，完工时间由节拍时间决定。根据流水生产线生产时间和换产时间，在可能发生的五种场景下，流水生产线的完工时间分别为 687.3min、642min、709.7min、698.3min、654.5min，期望值为 668.2min。对比运用赛汝生产的方式，完工时间的 Pareto 前沿中最大的期望值只有 488.9min。这也证明了运用赛汝生产进行该场景下的生产可以减少总加工时间、提升企业的生产效率。针对大规模算例，采用多次运行算法的方式求得 Pareto 集，本次实验对 10 个、15 个和 20 个工人的赛汝生产的 Pareto 集进行了求解，限于篇幅，这里不一一列举，10 个工人的赛汝生产的 Pareto 集如图 11-2 和表 11-6 所示。

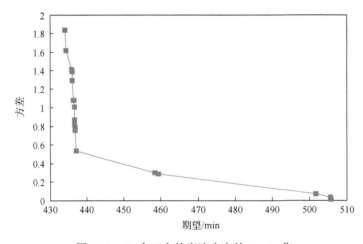

图 11-2　10 个工人的赛汝生产的 Pareto 集

表 11-6　10 个工人的赛汝生产的 Pareto 集

Pareto 解序号	期望/min	方差	赛汝构建方案
1	434.0660	1.8366	{2,4}{6,9}{3,5}{1,10}{7,8}
2	434.2975	1.6144	{1,4}{7,8}{3,6}{5,9}{2,10}
3	435.8733	1.4095	{2,10}{5,9}{1,4}{3,6,7,8}、{2,10}{1,5}{4,9}{3,6,7,8}、{2,10}{1,4}{5,9}{3,6,7,8}
4	436.0189	1.3892	{2,10}{1,7,8,9}{3,4}{5,6}
5	436.0259	1.2930	{2,10}{3,7,8,9}{5,6}{1,4}
6	436.4258	1.0804	{3,7,8,9}{2,4,5,6}{1,10}
7	436.4597	1.0803	{2,4,5,9}{3,6,7,8}{1,10}
8	436.6109	1.0042	{3,10}{1,4}{6,9}{2,5,7,8}
9	436.7215	0.8667	{7,8}{4,5,6,9}{1,2,3,10}
10	436.7301	0.8125	{7,8}{1,3,4,10}{2,5,6,9}
11	436.7481	0.7880	{7,8}{2,4,9,10}{1,3,5,6}
12	436.7488	0.7872	{7,8}{1,5,9,10}{2,3,4,6}
13	436.7606	0.7744	{7,8}{1,4,5,6}{2,3,9,10}
14	436.8421	0.7548	{7,8}{2,4,5,6}{1,3,9,10}
15	437.1524	0.5367	{7,8}{1,5}{2,4}{3,6,9,10}
16	458.4466	0.2972	{1,6,9}{4,8,10}{2,5}{3,7}
17	459.2913	0.2823	{2,4,9}{1,6,10}{3,5}{7,8}
18	501.7050	0.0662	{9,10}{3,4}{1,6}{5,7}{8}{2}、{6,9}{3,10}{1,4}{5,7}{8}{2}、{4,7}{1,10}{5,9}{3,6}{8}{2}
19	505.6530	0.0349	{7}{5,10}{2,3,9}{8}{4,6}{1}、
20	505.7230	0.0114	{3,4}{8}{9,10}{5,6}{2,7}{1}、{7,10}{2,4}{3,6}{8}{5,9}{1}、{8}{2,4}{5,9}{6,10}{3,7}{1}
21	505.7290	0.0091	{7}{4,6,10}{5,9}{8}{2,3}{1}、{7}{5,6,10}{4,9}{8}{2,3}{1}

11.4.3　与任务已知型赛汝构建方法的比较分析

不考虑需求的波动，面对不同的需求场景时采用任务已知场景下的赛汝构建方法，构建的赛汝方案结果如表 11-7 所示。由该结果可见，虽然各场景下的最优

表 11-7　各场景下的最优赛汝构建方案

场景	完工时间	赛汝构建方案
1	430.3878	{6}{1,2}{3}{5}{4}
2	426.0724	{1,2,3,4,6}{5}
3	425.5033	{1,2,3}{4,5,6}
4	430.8056	{1,2,3}{4,5,6}
5	425.4513	{4}{1,2,3,6}{5}

方案获得了更短的加工时间，但是每种场景的最优方案中所构建的赛汝数量和工人的分配组合各不相同。例如，在构建生产系统时为了满足场景 1 的最优结果需要构建 5 个赛汝，而其他场景因为所需赛汝的数量减少而出现有赛汝空闲的情况，导致生产设备浪费。与此同时，当需求波动时，工人需要频繁转换工作所在的赛汝，且工作的伙伴也在变化。

　　为进一步分析生产实践中各因素对构建方案的影响，在 6 个工人赛汝构建问题的基本实验基础上，通过增加批次大小为 5 和 2 的实验来验证批次大小对赛汝构建方案的影响，试验结果如图 11-3 所示。从图中可以看出，在其他参数不变的条件下，随着批次大小的增加，完工时间的期望和方差均呈现减小的趋势，也就是说，当批次大小增加时，赛汝系统的期望加工时间减少且稳定性提升。企业在进行生产调度的设计过程中，可以通过更改批次容量的方式提升生产系统的效率。

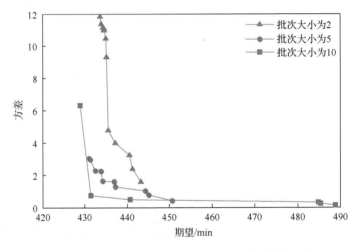

图 11-3　批次大小对完工时间的方差和期望的影响

11.5　本 章 小 结

　　本章根据赛汝生产问题的特点，研究需求波动场景下的赛汝生产问题，以最小化完工时间的期望和方差为目标函数，构建考虑需求波动的赛汝生产的设计优化问题的多目标模型，决策构建的赛汝系统中赛汝数量及工人与赛汝对应关系的分配方案，以期通过构建稳定的赛汝生产应对波动的市场需求。根据问题的特征，设计了针对大规模问题的基于 NSGA-II 的启发式算法，并在小规模案例中通过与枚举法的结果对比验证了算法对模型求解的有效性。在大规模问题的求解中，多次运行算法进行求解，并得到了较好的结果。通过对比任务确定型赛汝构建方法在应对需求波动环境时存在的不足分析所提出方法的重要性，并分析了生产批次大小对系统性能的影响[12]。

参 考 文 献

[1] 徐辉, 侯建明. 需求不确定条件下的制造商订单分配模型[J]. 中国管理科学, 2016, 24(3): 80-88.

[2] 李群霞, 马凤才, 张群. 供应链提前期供需联合优化库存模型研究[J]. 中国管理科学, 2015, 23(4): 117-122.

[3] 李稚, 谭德庆. 爱尔朗型按订单装配系统最优生产——库存控制策略研究[J]. 中国管理科学, 2016, 24(6): 61-69.

[4] 叶涛锋, 达庆利, 徐宣国. 需求与提前期不确定下的生产——销售协调[J]. 中国管理科学, 2016, 24(10): 133-140.

[5] Kaku I, Gong J, Tang J F, et al, 2009. Modeling and numerical analysis of line-cell conversion problems[J]. International Journal of Production Research, 47(8): 2055-2078.

[6] Liu C G, Yang N, Li W, et al. Training and assignment of multi-skilled workers for implementing Seru production systems[J]. International Journal of Advanced Manufacturing Technology, 2013, 69(5-8): 937-959.

[7] Yu Y, Gong J, Tang J F, et al. How to carry out assembly line-cell conversion?A discussion based on factor analysis of system performance improvements[J]. International Journal of Production Research, 2012, 50(18): 5259-5280.

[8] Yu Y, Tang J F, Sun W, et al. Reducing worker(s) by converting assembly line into a pure cell system[J]. International Journal of Production Economics, 2013, 145(2): 799-806.

[9] Yu Y, Tang J F, Gong J, et al. Mathematical analysis and solutions for multi-objective line-cell conversion problem[J]. European Journal of Operational Research, 2014, 236(2): 774-786.

[10] Davis L. Applying adaptive algorithms to epistatic domains[C]//Proceedings of International Joint Conference on Artificial Intelligence, Los Angeles, 1985: 234-243.

[11] Deb K, Pratap A, Agarwal S, et al. A fast and elitist multiobjective genetic algorithm: NSGA-II[J]. IEEE Transactions on Evolutionary Computation, 2002, 6(2): 182-197.

[12] 王晔. 考虑需求非确定的单元装配系统构建问题研究[D]. 大连: 东北财经大学, 2018.

第12章　考虑培训成本的赛汝生产非全能工配置问题

12.1　引　　言

本章针对流水生产线向赛汝生产转换的过程，考虑工人多技能培训的成本及产能的不足和过剩成本，旨在为赛汝生产进行合理的工人能力配置。市场需求出现了多样化、小批量和生命周期短等趋势，企业面临着非确定需求及用工、原材料等各方面的成本上升[1]。因此对生产管理者来说，合理地利用有限资源获得更高的收益成为企业经营的重中之重。相对于流水生产线加工的高采购成本和管理成本，赛汝生产具有更少的构建成本和更小的布局空间等方面的优势，并在非确定需求环境下获得了较多的应用。尤其是通过雇佣多能工，可以更大程度地快速响应动态的市场需求，提高生产效率。

虽然赛汝生产已经在国内外得到了众多学者的关注，但是有关从理论层面构建赛汝生产的科学方法的研究还停留在初级阶段[1]，在研究赛汝生产系统设计的过程中，很少有学者考虑过工人和赛汝的技能水平对系统成本的影响。一方面，众多学者在进行相关研究时都是基于所有赛汝具备生产全部产品类型能力的假设[2,3]，但是这样假设的前提是需要较高的培训成本和设备采购成本。另一方面，文献[4]考虑了在流水生产线赛汝系统转换过程中的多技能培训和分配交叉培训的工人，文献[5]对模型进一步扩展，运用启发式算法进行求解。虽然这些文献考虑了工人的技能培训成本，但是研究都是基于每个赛汝只能生产单一类型产品且每类产品需求相等的简单假设。市场需求并非一成不变且各类产品间总会出现不同的比例和数量，而且赛汝生产的特征就是具备生产多种产品、动态调整产能的能力，因此以上研究的假设都过于简单且需要进一步扩展。

为了丰富现有研究，本章针对赛汝生产的最优运作中的工人能力配置问题展开研究，主要解决如下问题：①在赛汝生产中使用多技能工人是否可以得到和使用全技能工人一样的生产效率；②需求的波动程度对生产系统的绩效会产生影响，在赛汝生产中不同的需求波动程度会给赛汝生产的绩效和工人技能配置方案带来哪些影响；③在成本相关因素的变化下，赛汝生产的工人技能配置需要进行哪些调整。

12.2　交叉培训方法的研究综述

生产系统应对波动需求时需要六种类型的柔性：过程柔性、换产柔性、设施准备柔性、过渡柔性、容量柔性和混合柔性。为了提高这些柔性，除了简单地重新配置工具和材料外，更难达到的部分是对工人进行长期、昂贵和困难的交叉培训。因此，为了评估不同交叉培训水平的绩效，Hopp 等[6]提出了一个针对交叉培训的包含 7 个效率评价因素和 7 种培训策略的评估框架。结果表明，中等交叉培训水平，特别是双技能链培训策略可以获得与完全交叉培训策略几乎相同的系统性能。双技能链培训策略是指每个工人都有 2 个技能且通过一条长链连接所有的工作站和所有工人。在另一项相关研究中，Hopp 等[7]通过进一步研究证明了技能链即使是部分链也可以是高效的。

虽然各种技能培训策略得到了各领域的验证，但是如何更精准地进行培训技能的增加，在付出最小的培训成本下获得最大化的经济收益是研究的主要难点。为了适当增加技能培训，这里引入柔性制造的相关研究。Jordan 等[8]证明，有限的柔性通过适当的配置可以获得完全柔性的大部分益处。该配置的特点是每个工厂只能提供两种产品类型，每个产品类型只能由两个工厂提供。同时，每个工厂和产品类型之间的对应连线可以组成一条长长的链条。在此研究基础上，学者将该思想扩展到了不同的应用领域。Wallace 等[9]以呼叫中心的路由路径作为研究对象，利用有限的交叉培训来解决路由和人员配置问题。与柔性制造的文献一致，研究发现很小的柔性可以提供很大的优势，同时应用这种柔性属性开发路由和人员配置的算法，旨在尽量减少每个员工受到每个类型的性能约束。仿真试验表明，通过有限交叉培训获得的人员配置方案运行良好，通过对接线员进行有限次的交叉培训可以得到几乎等同于所有接线员拥有全部技能的情景。Tomlin[10]以单一产品企业的供应商评价为研究对象，假设一个公司的两个供应商，一个是不可靠的，另一个是可靠的但价格更昂贵。考虑供应商供货类别增加时所需要的培训成本和供应商的有限供货能力，来分析如何平衡供应商之间的供货关系。通过选择不同供应商的技能水平，确定在供应商的选择中，不需要全部供应商均具备技能。Bassamboo 等[11]以报童模型网络为研究对象，考虑增加技能时所付出的培训成本和收益，提出了一个精确的集合论方法来分析具有多个产品和并行资源的报童网络的不同技能水平。研究证明：①柔性表现出递减的回报；②最优的技能组合是长链型技能增加方式。Deng 等[12]提出了在产品类型数多于加工者数量的不对称系统中，如何合理地增加多技能以最大可能地提升系统效率。Henao 等[13]利用类似的方法研究了在加工者数量多于产品类型数的系统中，如何合理地增加多技能的方法和策略。两类研究的核心是如何在产品类型与加工者之间增加闭合的长链。

12.3　问题描述与模型建立

12.3.1　问题描述

本节着重于研究在实施 SPS 过程中的工人技能配置。值得一提的是，本章所表达的工人技能分为基本技能和特定技能，我们期待构建的系统为巡回式的赛汝生产。在同一产品线上生产的产品因各种型号和配件的差异而产生各自不同的操作工艺，但是，同时仍有部分基本工序的工艺流程是一致的。在流水生产线生产的环境下，虽然不同品种的产品都在同一条流水生产线上装配，但更换产品后也会出现操作方式的不同。因此，根据操作工艺的不同，将工人可操作的工艺流程分为基本技能和特定技能。例如，现有 4 种产品待装配，需要同一种基本技能的基础上，每种产品还需要一种特定技能，产品类型和技能的对应关系如表 12-1 所示，其中，"√"表示装配该产品类型需要对应的技能。在巡回式赛汝生产中，每个工人要具备从头到尾装配产品的能力，因此在掌握基本技能的基础上，至少要掌握一种特定技能的工人才可以在赛汝生产中工作。6 个工人所掌握的技能水平如表 12-2 所示，其中"*"表示工人掌握该技能。工人可以装配的产品类型与其掌握的特定技能相匹配,例如工人 4 掌握基本技能和特定技能 2 和 3,对应表 12-1,可以装配产品类型 2 和 3。

表 12-1　产品类型和技能的对应关系

产品类型	基本技能	特定技能 1	特定技能 2	特定技能 3	特定技能 4
1	√	√			
2	√		√		
3	√			√	
4	√				√

表 12-2　工人掌握的技能水平举例

工人	基本技能	特定技能 1	特定技能 2	特定技能 3	特定技能 4
1	*	*			*
2	*		*		
3	*				*
4	*		*	*	
5	*	*			
6	*			*	

本章考虑原有流水生产线上的 W 个工人，由于需求非确定等因素，流水生产线面临的需要频繁换产线等问题导致管理成本和运行成本的增加，因此企业需要通过实施赛汝生产以提升生产系统的响应能力和生产效率。在以人为本的赛汝生产实施过程中，该问题转化为如何合理地为 W 个工人增加不同的技能组合，以最小的培训成本得到系统最大可能的性能改善。本章假设各类产品需求的分布函数已知，且只考虑巡回式赛汝。

首先，全部工人的技能配置方案的解空间在很大的范围内波动，尤其是工人数量增加时。在巡回式赛汝中，每个工人需至少掌握一种特定技能。在确定型需求下，培训策略是简单地为每个产品类型按均值分配适当数量的工人。然而，在非确定需求下只雇佣单技能工人不够灵活。例如，有 3 种产品类型，需求量分别为 8 件、10 件和 12 件，另有 3 个加工能力为 10 件产品的工人。如果所有的工人都是单技能，并分别服务于三类产品，那么将能完成 28 件产品。显然，如果第一个工人可以服务于产品类型 1 和 3，那么将能完成 30 件产品。值得注意的是，其他任何工人技能的增加都不会改变预期的销售额。虽然在非确定需求环境下，将所有的工人都培训为全能工是最佳配置，但由于培训成本高昂，人们不得不限制技能培训的数量。将一个产品组合所需要的所有特定技能作为该产品组合的特定技能集，如表 12-1 中。在进行流水生产线向赛汝转换的过程中，所有工人都可以培训为特定技能集的任何子集。在一个有 K 种产品的需求环境下，可以通过简单的计算得到每个工人可能的培训技能集为 2^K-1，类似的，W 个工人可能出现的培训方案数量为 $(2^K-1)^W$。

此外，对非确定的需求进行更详细的定义。虽然每天难以获得准确的需求，但是根据之前的生产记录，需求的分布可以预知。假设共有 K 类产品，第 K 类产品的需求在一定时期内服从正态分布，即 $d_k \sim N(\mu_k, \sigma_k)$。这段时期可以是一小时，一天或几天，每类产品的需求只能由能够处理该产品类型所需的所有技能的工人来服务。本节的重点是计划层，主要问题是技能配置而不是调度，主要研究需求和容量的平衡。当某种技能配置无法满足需求时，会出现员工短缺成本。同时，当员工的能力未得到充分利用时，会出现员工剩余成本。

12.3.2　参数说明

本章以非确定需求下最小化期望成本为目标，构建随机模型，决策工人掌握的技能数量和技能类型。因此，研究中的决策变量是每个工人的技能培训集。以 $Y_{ik}=1$ 表示对工人 i 培训特定技能，K 代表决策变量，其他参数和变量表示如下。

1）参数

k：产品类型和特定技能的编号索引（$k=1,2,\cdots,K$）；

i：工人的索引号（$i=1,2,\cdots,W$）；

A：工人的单位时间产能；

d_k：第 k 类产品的需求；

C：单一特定技能的培训成本；

α_c：每个工人的短缺成本系数；

α：未满足需求的单位销售损失成本系数，$\alpha = \alpha_c / A$；

β_c：每个工人的空闲成本系数；

β：空闲产能损失成本系数，$\beta = \beta_c / A$。

2) 变量

$x_{ik}(\omega)$：在情景 ω 下，工人 i 装配的产品 k 的数量。

3) 决策变量

$$Y_{ik} = \begin{cases} 1, & \text{工人} i \text{培训了技能} k \\ 0, & \text{其他} \end{cases}。$$

12.3.3　模型构建

在确定性需求下设计技能配置是很容易的，仅使用单一技能的工人就可以在稳定需求的情况下表现良好。然而当需求波动增加时，单技能系统将不够灵活。需求和产品结构的波动越大，赛汝生产的技能水平越高。由于工人的培训既要花费时间也要花费成本，因此本节提出一个模型来决定如何在赛汝生产系统中培训具有适当技能的工人。

为了适当地增加技能培训，这里引入了关于制造柔性的类似研究。在制造柔性的研究中，Jordan 等[8]提出了一种原则，即以适当的方式增加有限的柔性(如每个工厂只生产少量产品)通常获得全部柔性(每个工厂都生产所有产品)的大部分收益。他们给出了一个例子：有 10 个工厂和 10 个产品类型，需求独立同分布。长链连接所有的工厂和产品类型(如果有一个弧连接一个工厂和一个产品类型，那么表示该工厂可以生产该类型产品)，产能利用率和预期销售大致等同于所有工厂具备全部柔性。赛汝生产与制造柔性之间存在相似的特征。例如，一个多技能的工人可以等同于一个可以加工不同产品类型的工厂。

本章以巡回式赛汝为构建对象，需要对原始装配线上的工人进行传送带上不同工位的操作训练，以便他们能够从头到尾处理至少一种产品类型。即使不同的产品类型在传送带上的同一操作台上进行处理，操作也可能彼此不同。假设同一操作台工序的处理时间对每个工人是相同的，而每个工人特定技能的训练成本也是相同的。因此，这里只利用其掌握的特定技能的数量来计算每个工人的培训成本，工人 i 的培训成本可以表述为 $\sum_{k=1}^{K} Y_{ik} C$。例如，当培训工人以特定技能 1 和 2培训时，其培训成本为 $2C$。

为了评估某一技能配置的性能，应该考虑员工的利用率，如员工短缺和过剩。对于已知的技能配置方案，关键问题转移到需求和产能的分配问题上。换句话说，关键问题是如何适当地分配需求给每个工人以获得最大化的预期产量。因此，这里定义 x_{ik} 为由工人 i 组装的产品类型 K 的数量。一方面，当产品类型 K 的需求不能满足时，发生员工短缺成本，可以表示为 $\left(d_k - \sum_{i=1}^{J} x_{ik}\right)^+ C\alpha$。其中，$\left(d_k - \sum_{i=1}^{J} x_{ik}\right)^+ =$

$\max\left\{0,\left(d_k-\sum_{i=1}^{J}x_{ik}\right)\right\}$，$\alpha$ 表示销售机会损失的惩罚成本(员工短缺成本)系数；另一方面，工人的产能未充分利用时应计算员工的过剩成本，可以表示为

$\left(A-\sum_{k=1}^{K}x_{ik}\right)^{+}C\beta$。其中，$\left(A-\sum_{k=1}^{K}x_{ik}\right)^{+}=\max\left\{0,\left(A-\sum_{k=1}^{K}x_{ik}\right)\right\}$，$\beta$ 表示过剩产能

的惩罚成本(员工过剩成本)系数。为了便于表达，设定一个工人培训一种特定技能所需的培训成本为 $C=1$，$\forall i,k$。综上所述，在一个确定性需求的情景下，即每种产品的需求 d_k 在制定培训和分配决策前已知的情况下，问题可以表示为

$$\mathrm{Min}\left[\sum_{i=1}^{W}\sum_{k=1}^{K}Y_{ik}+\sum_{k=1}^{K}\left(d_k-\sum_{i=1}^{W}x_{ik}\right)^{+}\cdot\alpha+\sum_{i=1}^{W}\left(A-\sum_{k=1}^{K}x_{ik}\right)^{+}\cdot\beta\right] \tag{12-1}$$

$$\text{s.t.}\ 0\leqslant x_{ik}\leqslant Y_{ik}A,\ \ \forall i,k \tag{12-2}$$

$$\sum_{k=1}^{K}x_{ik}\leqslant Y_{ik}A,\ \ \forall i \tag{12-3}$$

$$\sum_{i=1}^{W}x_{ik}\leqslant d_k,\ \ \forall k \tag{12-4}$$

$$1\leqslant\sum_{k=1}^{K}Y_{ik}\leqslant K,\ \ \forall i \tag{12-5}$$

$$1\leqslant\sum_{i=1}^{W}Y_{ik}\leqslant W,\ \ \forall k \tag{12-6}$$

式(12-1)代表最小化期望总成本的目标，第一项是所有工人的培训费用，第二项和第三项分别是员工短缺成本和员工过剩成本。约束(12-2)~(12-4)是需求分配规则，约束(12-2)确保某一产品类型的装配任务只能分配给具备该产品加工能力的工人，约束(12-3)确保分配给工人的所有需求不会超出其产能，约束(12-4)确保没有过剩的产品生产超过任何产品类型的需求；约束(12-5)表示每个工人至少掌握一种特定技能，最多掌握全部特定技能；约束(12-6)表示每类产品至少可以由一个工人装配，最多可以由全部工人装配。

由于需求的非确定性，很难事先决定如何向每个工人分配需求。即使在需求变化时能及时改变需求分配策略，工人的技能培训也不能立即调整。为了解决非确定需求带来的问题，这里考虑两阶段模型。第一阶段是决策赛汝生产的工人技

能配置，第二阶段是需求到工人的分配。其中，第一阶段的确切需求是未知的，以 $\omega \in \Omega$ 表示遵循一定分布的需求场景且在第一阶段做出决策时是未知的，这里 Ω 表示所有可能场景的集合。两阶段随机问题可以表述如下。

第一阶段：

$$\text{Min}\left\{\sum_{i=1}^{W}\sum_{k=1}^{K}Y_{ik} + E[Q(Y_{ik}, \xi(\omega))]\right\} \tag{12-7}$$

s.t. 式(12-5)~式(12-6)

第二阶段：在场景 ω 中

$$Q(Y_{ik}, \xi(\omega)) = \text{Min}\left[\sum_{k=1}^{K}\left(d_k(\omega) - \sum_{i=1}^{W}x_{ik}(\omega)\right)^{+}\cdot\alpha + \sum_{i=1}^{W}\left(A - \sum_{k=1}^{K}x_{ik}(\omega)\right)^{+}\cdot\beta\right] \tag{12-8}$$

s.t. $0 \leqslant x_{ik}(\omega) \leqslant Y_{ik}A, \quad \forall i, k \tag{12-9}$

$$\sum_{k=1}^{K}x_{ik}(\omega) \leqslant A, \quad \forall i \tag{12-10}$$

$$\sum_{i=1}^{W}x_{ik}(\omega) \leqslant d_k(\omega), \quad \forall k \tag{12-11}$$

第一阶段的目标是最小化赛汝生产实施的期望成本，第一部分是使工人的培训成本最小化，第二部分是使员工短缺成本、员工过剩成本最小化。第二阶段的目标函数是在一个真实的场景下最小化员工短缺成本和员工剩余成本。约束(12-9)~(12-11)是基于约束(12-2)~(12-4)的确定性问题扩展而来的基于场景的约束。

12.4　求　解　算　法

12.4.1　场景聚合法

本章提出的赛汝生产实施模型用于解决需求非确定的随机优化问题，除了完全单技能系统和完全全技能系统的极端情况之外，很难用积分形式的精确数学表达式来表达目标函数。为了处理非确定性，这里用基于场景的期望方程(12-7)描述这个问题。然而，所有可能的场景 Ω 的数量非常庞大，以致枚举法难以实现，因此本节引入场景聚合法来解决这一问题。场景聚合法首先由 Rockafella 等[14]提出用于求解多阶段随机规划问题，该方法的主要思想是选取足够多的样本数 N，通过聚合足够多的样本场景并求平均值，用近似解来获得整体解。特别地，随机变量从给定的分布中采样来表示每个场景，而随机规划的预期目标通过平均大量场景的目标来近似达到。

结合场景聚合方法，模型可改写为

$$\text{Min}\left\{\sum_{i=1}^{W}\sum_{k=1}^{K}Y_{ik}+\frac{1}{N}\sum_{n=1}^{N}\left[\sum_{k=1}^{K}\left(d_k(\omega^n)-\sum_{i=1}^{W}x_{ik}(\omega^n)\right)^+\cdot\alpha+\sum_{i=1}^{W}\left(A-\sum_{k=1}^{K}x_{ik}(\omega^n)\right)^+\cdot\beta\right]\right\}$$

$$(12\text{-}12)$$

$$\text{s.t.}\quad 0\leqslant x_{ik}(\omega^n)\leqslant Y_{ik}A,\quad\forall i,k,n\qquad(12\text{-}13)$$

$$\sum_{k=1}^{K}x_{ik}(\omega^n)\leqslant A,\quad\forall i,n\qquad(12\text{-}14)$$

$$\sum_{i=1}^{W}x_{ik}(\omega^n)\leqslant d_k(\omega^n),\quad\forall k,n\qquad(12\text{-}15)$$

式(12-5)和式(12-6)

12.4.2　增加技能培训的启发式算法

结合约束(12-10)和(12-11)，对于一个特定的场景 ω，函数(12-8)可以改写为

$$Q(Y_{ik},\xi(\omega))=\text{Min}\left[\left(\sum_{k=1}^{K}d_k(\omega)-\sum_{k=1}^{K}\sum_{i=1}^{W}x_{ik}(\omega)\right)\cdot\alpha+\left(AW-\sum_{k=1}^{K}\sum_{i=1}^{W}x_{ik}(\omega)\right)\cdot\beta\right]$$

可以看出，在特定场景 ω 下，$Q(Y_{ik},\xi(\omega))$ 的值随 $\sum_{k=1}^{K}\sum_{i=1}^{W}x_{ik}(\omega)$ 的增加而上升，

因此第二阶段的问题转换为最大化特定场景 ω 下的市场满足量 $\sum_{k=1}^{K}\sum_{i=1}^{W}x_{ik}(\omega)$。

本章假设所有工人都已经具备赛汝生产的基本技能并决策每个工人应该被培训的特定技能。为了保证所有工人都可以在系统中工作，且每类产品都有工人进行加工，根据 K 类产品需求的均值数按比例分配所有工人到 G 组且每组至少有一个工人，$G=K$。为决策具体的技能增加策略，这里引用制造柔性相关的方法[8,12]来进行处理。根据文献[8]的研究，最大化市场满足量的问题可以等价为最小化需求短缺。在一个有 K 类产品的需求背景下，L 是所有 K 类产品可能的子集，包括空集。在有限技能培训的情况下，最小化需求短缺的问题可以转化为所有子集中的最大

短缺值 $\mathrm{Max}\limits_{L}\left\{\sum\limits_{k\in L}d_k - \sum\limits_{i\in P(L)}A\right\}$。定义 p_1 为一特定子集短缺的概率，p_2 为完全技能系统的短缺概率。合理增加技能集的主要思想就是最大限度地减小 $p_1 > p_2$ 的概率。对于给定产品类型子集 L，$P(L)$ 是所有能至少生产一种 L 内产品的技能组合。产品类型子集 L 的短缺概率超过完全技能系统短缺概率的概率可以定义为

$$\Pi(L) = \Pr\left[\left\{\sum_{k\in L}d_k - \sum_{i\in P(L)}A\right\} > \left(\sum_{k=1}^{K}d_k - \sum_{i=1}^{W}A\right)^{+}\right]$$

Jordan 等[8]证明 $\Pi(L)$ 的计算方式可以转换为

$$\Pi(L) = [1 - \Phi(z_1)]\Phi(z_2)$$

式中，$z_1 = -E[a]/\sigma[a]$，$z_2 = -E[b]/\sigma[b]$，$a = \sum\limits_{k\in L}d_k - \sum\limits_{i\in P(L)}A$，$b = \sum\limits_{k=1}^{K}d_k - \sum\limits_{i=1}^{J}A - a$。

　　$\Pi(L)$ 的具体计算方法可以参考文献[8]。根据定义可知，较大的 $\Pi(L)$ 值意味着该产品集有更大的概率出现短缺，因此更多的技能培训应倾向于增加在该产品集中，可以通过计算全部的 $\Pi(L)$ 及其所有子集来选择需要增加技能培训的产品类型 $k*$。根据非对称网络柔性增加策略研究[12]，增加的柔性应该均匀地增加到工厂和产品所组成的闭环中，并尽可能地避免将相同的工厂增加到同一产品的生产中。因此，本研究试探性地将技能 $k*$ 增加到所有的技能族中，并选择将增加后最小的 $\Pi*$ 作为添加技能对象。对于添加特定技能培训的方式，有如下规则：①优先选择不具备特定技能 $k*$ 的工人组；②如果在该工人组中有多个工人，那么优先选择特定技能培训数量最少的工人进行培训；③如果存在多个相同最小 $\Pi*$ 的工人组，那么有限选择可以帮助组成闭环长链结构的工人组。算法的具体步骤请参见文献[15]。

12.5　数值实验分析

　　本节进行了一系列实验以获得最佳的技能水平配置，并分析相关参数的影响。实验共分为三个部分：第一部分是如何在实际中应用模型的基础实验；第二部分分析了需求相关的参数对实验结果的影响，如产品组合的不同组成、需求波动系数和产品类型；第三部分结合不同的成本参数来评估总成本和技能配置的变化。

12.5.1　基础实验

为了说明如何应用所提出的模型和方法，本节首先设计基本实验。其中一些参数被设置为基本参数，而其他参数被当做独立变量，并且在其他部分中通过单独变动以进行敏感的分析。考虑将一个具有 20 个工人的流水生产线向赛汝系统转换，除了基本技能的初始培训外，所有的工人都要接受至少一种特殊技能的培训，以便他们从开始到结束至少能装配一种类型产品。同时假设所有工人具有相同的生产能力，A 表示工人在单位时间内可以生产的产品数量，即生产能力。假设存在 $K(=10)$ 种产品类型的非确定需求，为了更好地进行研究分析，基础研究将需求假设为所有产品都服从均值为 100、方差为 50 的正态分布，销售机会损失成本（员工短缺成本）系数设为 $\alpha = 20/50 = 0.4$，空闲产能惩罚成本（员工过剩成本）系数 $\beta = 10/50 = 0.2$。为了平衡研究结果的准确性和计算时间，场景聚合法中的场景数 $N=500$，具体相关参数取值如表 12-3 所示。

表 12-3　相关参数取值

相关参数	数值
K	10
d_k	$\sim N(100,50)$
W	20
A	50
α	0.4
β	0.2
N	500

在对所有工人进行基本技能培训的基础上，根据 12.4.2 节的启发式算法对工人技能进行提升，直至达到终止条件。最优工人技能配置的搜寻路径和最终结果如表 12-4 所示，表中每一行代表一个工人被培训了新的特定技能，例如，表 12-4 数据的第 5 行表示共进行 24 次特定技能培训且第 24 个技能为向工人 9 培训特定技能 4。期望需求满足量、需求短缺、产能剩余和成本分别为 834.322、172.668、165.678 和 12.62028 万元。查阅表 12-4 可知，数据的第 21 行的成本为最优解，这一行代表工人培训次数为 40 次，期望成本为 8.13412 万元。在该非确定性需求下，数值计算得到完全技能配置的赛汝生产的成本为 10.38314 万元，远超于本研究方法所得到的最优解。对于期望需求满足量，本方法所获得的结果（935.758）也和完全技能配置的结果（940.804）相近。具体的工人和技能配置的对应关系如表 12-5 所示。

表 12-4　最优工人技能配置的搜寻路径和最终结果

特定技能培训次数	工人索引	特定技能索引	期望需求满足量/个	需求短缺	产能剩余/个	成本/万元	Π
20			804.666	202.324	195.334	13.99964	0.25
21	3	1	810.018	196.972	189.982	13.77852	0.25
22	5	2	816.536	190.454	183.464	13.48744	0.25
23	7	3	825.284	181.706	174.716	13.06256	0.25
24	9	4	834.322	172.668	165.678	12.62028	0.25
25	11	5	842.350	164.640	157.650	12.23860	0.25
26	13	6	849.364	157.626	150.636	11.91776	0.25
27	15	7	857.768	149.222	142.232	11.51352	0.25
28	17	8	866.552	140.438	133.448	11.08648	0.25
29	19	9	874.812	132.178	125.188	10.69088	0.25
30	1	10	888.206	118.784	111.794	9.98724	0.1072
31	6	1	891.034	115.956	108.966	9.91756	0.1072
32	8	2	894.082	112.908	105.918	9.83468	0.1072
33	10	3	898.814	108.176	101.186	9.65076	0.1072
34	12	4	903.810	103.180	96.190	9.45100	0.1072
35	14	5	907.594	99.396	92.406	9.32396	0.1072
36	16	6	912.366	94.624	87.634	9.13764	0.1072
37	18	7	917.704	89.286	82.296	8.91736	0.1072
38	20	8	923.324	83.666	76.676	8.68016	0.1072
39	2	9	931.148	75.842	68.852	8.31072	0.0586
40	4	10	935.758	71.232	64.242	8.13412	0.0081
41	7	1	935.924	71.066	64.076	8.22416	0.0081
42	9	2	936.576	70.414	63.424	8.28504	0.0081
43	11	3	937.318	69.672	62.682	8.34052	0.0081
44	13	4	937.834	69.156	62.166	8.40956	0.0081
45	15	5	938.292	68.698	61.708	8.48208	0.0081
46	17	6	938.744	68.246	61.256	8.55496	0.0081
47	19	7	939.250	67.740	60.750	8.62460	0.0081
48	1	8	939.748	67.242	60.252	8.69472	0.0081
49	3	9	940.244	66.746	59.756	8.76496	0.0057
50	5	10	940.476	66.514	59.524	8.85104	0.0057
51	10	1	940.482	66.508	59.518	8.95068	0.0057
52	12	2	940.488	66.502	59.512	9.05032	0.0057
53	14	3	940.566	66.424	59.434	9.14564	0.0057
54	16	4	940.650	66.340	59.350	9.24060	0.0057
55	18	5	940.664	66.326	59.336	9.33976	0.0057
56	20	6	940.664	66.326	59.336	9.43976	0.0057

表 12-5　具体的工人和技能配置的对应关系

i	k									
	1	2	3	4	5	6	7	8	9	10
1	*									*
2	*								*	
3	*	*								
4		*								*
5		*	*							
6	*		*							
7			*	*						
8		*		*						
9				*	*					
10			*		*					
11					*	*				
12				*		*				
13						*	*			
14					*		*			
15							*	*		
16						*		*		
17								*	*	
18							*		*	
19									*	*
20								*		*

　　图 12-1 描述了期望需求满足量和总成本随特定技能培训数量的变化。显而易见，期望需求满足量随特定技能培训数量的增加而增加，直到特定技能培训数量增至 55 个。尽管总趋势是明显的，但是在特定技能培训数量为 30 个和 40 个时出现了明显的拐点。特定技能培训数量从 20 个增加到 30 个，期望需求满足量从804.666 个上升到 888.206 个，而总成本从 13.99964 万元下降到 9.98724 万元。特定技能培训数量从 30 个降至 40 个的过程中，期望需求满足量和总成本仍有改善，但是改善的速度有所下降。有趣的是，当特定技能培训数量到达 40 个之后，尽管期望需求满足量仍在增长，但总成本却触底反弹。

　　10 种产品和 20 个工人的最优技能配置如图 12-2 所示，其中，特定技能培训数量为 40 个，实线为初始的特定技能培训情况、虚线为算法求得的技能培训情况，连接产品和工人的实线和虚线建立了封闭的长链。Jordan 等[8]认为，长链连接的生产系统可以提供几乎与完全柔性系统相近的高柔性，并且当 $\Pi<0.05$ 时便没有必要增加更多的柔性。由表 12-4 可以看出，最优成本对应的 $\Pi=0.0081$（<0.05），因此该方案在构建赛汝生产中得到了与制造柔性相似的结果。由于实验结果与设定的参数有关，因此 12.5.2 节将分析不同需求和成本条件下的系统性能和技能配置变化。

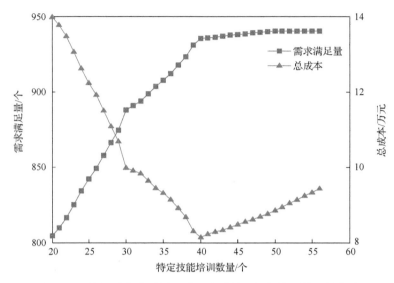

图 12-1　期望需求满足量和总成本随特定技能培训数量的变化

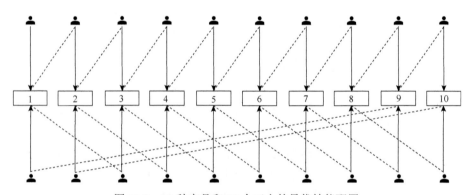

图 12-2　10 种产品和 20 个工人的最优技能配置

12.5.2　需求相关系数的影响

　　基于基本实验的结果，本节通过数值实验，探讨与需求相关的参数如何影响系统性能和最优技能配置，如不同的产品组合、需求波动系数和产品类型的数量。

　　为了评价不同产品组合关系对系统性能和最优技能配置的影响，本节考虑了表 12-6 所示的三种典型的产品需求组合。表中的值表示不同产品组合中每个产品类型的需求均值：产品组合 1 是 12.5.1 节的基础实验，产品组合 1~3 代表不同产品类型需求之间的三种差异水平，产品组合 1 表示各产品类型之间没有差异，产品组合 3 表示产品组合的差异最大。为了不失一般性，三个产品组合的需求波动系数（CoF=σ / μ）取值均为 0.5。

表 12-6　不同产品组合的需求均值

产品组合	产品的需求均值	需求波动系数
1	$d_k = 100, \forall k$	0.5
2	$d_k \sim N(80,120), \forall k, \sum_{k=1}^{K} d_k = 1000$	0.5
3	$d_k \sim N(10,190), \forall k, \sum_{k=1}^{K} d_k = 1000$	0.5

通过数值实验得到了三种产品组合的最佳工人技能训练策略，如图 12-3 所示。图 12-3 显示，特定技能培训数量和总成本都随着产品组合的差异而增加。特定技能培训数量分别为样品的 1 和 3 的 40，41 和 42，总成本分别为 8.13412 万元、8.20684 万元和 8.76672 万元。

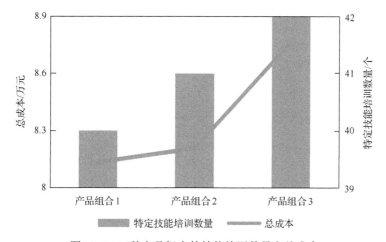

图 12-3　三种产品组合的技能培训数量和总成本

需求波动水平的高低会影响赛汝生产的性能和工人技能配置，本章用 $CoF = \sigma / \mu$ 表示需求波动系数。选取 CoF=0，0.1，0.2，…，0.9 来表示需求波动的不同水平，CoF=0 表示需求波动的最低水平，CoF=0.9 表示需求波动最高水平，其他参数与基本实验相同。图 12-4 展示了不同需求波动系数下系统所需的特定技能培训数量和总成本。即使总成本随着需求波动的增长而上升的趋势不可避免，实验中仍有一些有用的发现：当 $CoF \leqslant 0.2$，即需求波动较小时，只需一半的工人培训成双技能且与各产品之间的连线组成一条闭合长链，剩余一半维持单一技能水平就可以得到全系统的最优成本；当 $0.4 \leqslant CoF \leqslant 0.6$ 时，为达到最优成本，所有工人都需要培训两种特定技能，培训方案如图 12-2 所示；当 $CoF \geqslant 0.8$ 时，在之前的基础上，新增 10 个工人需要多培训一种特定技能，此时共有三条闭合的长链连接所有工人和产品类型。值得注意的是，当需求波动系数取值为 0.3 和 0.7 时，存在不完整的长链连接工人和产品类型。研究可以得出，在面对稳定的需求时不需要多技能的工人，并且适当地进行特定技能培训可以达到与完全技能配置相似的系统性能(如长链技能配置)。

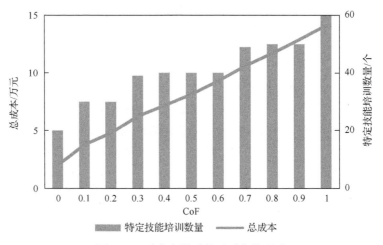

图 12-4　需求变异系数对系统的影响

虽然在简单的需求和供给关系下，系统的最优技能配置和成本很容易获得，但是也需要讨论系统各类指标随产品类型数量如何变化。为了方便计算和比较，本节选择产品类型数为 10、20 和 40 来分析产品类型数量对系统成本和最优技能配置的影响，工人的数量为 20 个且生产能力均为 50，三种需求场景的具体信息如表 12-7 所示。

表 12-7　三种需求场景的具体信息

产品类型数	需求均值	CoF
10	100	0.5
20	50	0.5
40	25	0.5

10、20 和 40 种产品需求下的总成本分别为 8.13412 万元、8.77016 万元和 10.05052 万元。如图 12-5 所示，对于同一组相同的工人，总成本和特定技能培训数量均随着产品类型数的增加而上升。三种产品类型数下的工人最优技能配置如图 12-2、图 12-6 和图 12-7 所示。由图可知，在 10 种产品类型的需求下，每种产品类型可由 4 个工人提供产能，同时有两条闭合的长链连接产品和工人；在 20 种产品需求下，每种产品类型只有 2 个工人可以提供产能；在 40 种产品需求下，仅剩 1.5 个工人可以为每种产品类型提供产能。

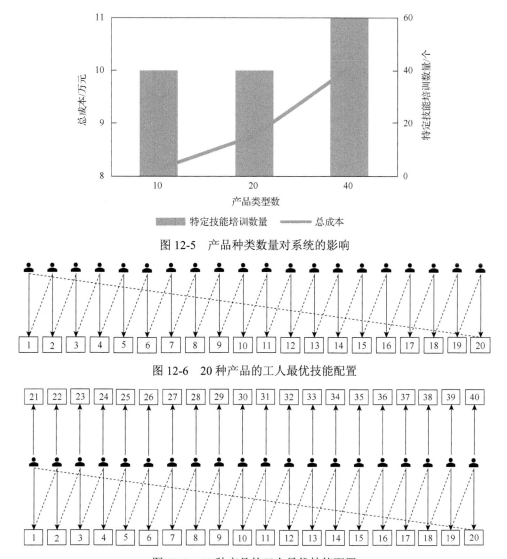

图 12-5　产品种类数量对系统的影响

图 12-6　20 种产品的工人最优技能配置

图 12-7　40 种产品的工人最优技能配置

12.5.3　成本相关系数的影响

为了分析成本相关参数变化对系统的影响，在保持其他参数取值不变的情况下，设计单位培训成本 C、销售机会损失的惩罚成本(员工短缺成本)系数 α 和过胜产能的惩罚成本(员工过剩成本)系数 β 三个参数单独变化，进行数值实验。实验结果如图 12-8～图 12-10 所示，其中，柱状图表示不同技能水平工人所占比例，折线图表示成本的变化。总成本和低技能水平工人的比例随单位培训成本的提升而增加。如图 12-8 所示，当单位培训成本为 0 时，只有 15 个工人培训了 3 个技能，而其他 5 个工人只培训了 2 个技能。随着单位培训成本的增加，更多的工人培训了较低的技能水平。当 $C \geqslant 0.4$ 时，将没有工人培训 3 个技能；当 $2.9 \leqslant C \leqslant 5$ 时，只有半数的工人需要培训双技能，另一半只需具有单技能。当 $C > 5$ 时，单技能工人成为系统的最优选择。由该实验可知，在 10 种产品类型需求下，即使在单位培训成本忽略不计的极端情况下，也没有工人培训超过 3 个特定技能，更不必说完全技能工人。

总成本和工人的技能水平随着 α 和 β 值的增大而增加，分别如图 12-9 和图 12-10 所示。图 12-9 中，在不考虑员工短缺成本的情况下，只有一半的工人被多技能培训至双技能。与此同时，考虑员工短缺成本情况下的交叉培训在所难免，所有工人都必须至少掌握两种特定技能，尤其是 α 值较高时这种情况更为明显。当 $\alpha \geqslant 1.76$ 时，4 个双技能工人需要培训更多的技能；当 $\alpha \geqslant 1.88$ 时，6 个工人需要培训更多的技能。

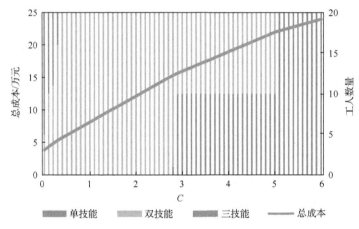

图 12-8　单位培训成本对系统的影响

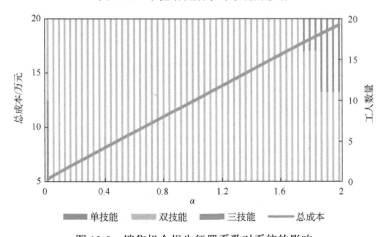

图 12-9　销售机会损失惩罚系数对系统的影响

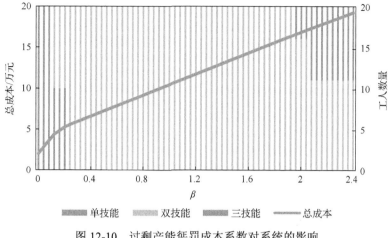

图 12-10　过剩产能惩罚成本系数对系统的影响

图 12-10 中，当 $\beta \leqslant 0.08$ 时，所有工人只具备单技能就可以达到系统的最优状态；当 $0.12 \leqslant \beta \leqslant 0.2$ 时，有 10 名工人培训了双技能以提升系统性能；当 β 的值达到 1.96 时，20 个双技能工人中有 4 个工人培训了更多的特定技能；当 $\beta > 2.08$ 时，三技能工人的数量增加至 9 个。

12.6　本 章 小 结

本章针对非确定需求下的赛汝生产实施过程中的多技能培训问题进行了研究。在考虑培训成本、员工短缺成本和员工过剩成本的情况下，建立了非确定需求下赛汝生产成本最小化的随机数学模型。与现有赛汝生产系统的设计优化研究中假设所有工人具备加工全部产品类别的假设不同，本章考虑工人增加技能的培训，根据需求决策工人的技能培训策略。运用开发的启发式算法对模型进行求解并对产品需求和与成本相关的参数进行了敏感性分析[15]。

参 考 文 献

[1] Yin Y, Stecke K E, Swink M, et al. Lessons from Seru production on manufacturing competitively in a high cost environment[J]. Journal of Operations Management, 2017, 49-51: 67-76.

[2] Kaku I, Gong J, Tang J F, et al. Modeling and numerical analysis of line-cell conversion problems[J]. International Journal of Production Research, 2009, 47(8): 2055-2078.

[3] Yu Y, Gong J, Tang J F, et al. How to carry out assembly line-cell conversion?A discussion based on factor analysis of system performance improvements[J]. International Journal of Production Research, 2012, 50(18): 5259-5280.

[4] Liu C G, Yang N, et al. Training and assignment of multi-skilled workers for implementing Seru production systems[J]. International Journal of Advanced Manufacturing Technology, 2013, 69(5-8): 937-959.

[5] Ying K C, Tsai Y J. Minimising total cost for training and assigning multiskilled workers in Seru production systems[J]. International Journal of Production Research, 2017, 55(10): 2978-2989.

[6] Hopp W J, van Oyen M P. Agile workforce evaluation: a framework for cross-training and coordination[J]. IIE Transactions, 2004, 36(10): 919-940.

[7] Hopp W J, Tekin E, van Oyen M P. Benefits of skill chaining in serial production lines with cross-trained workers[J]. Management Science, 2004, 50(1): 83-98.

[8] Jordan W C, Graves S C. Principles on the benefits of manufacturing process flexibility[J]. Management Science, 1995, 41(4): 577-594.

[9] Wallace R B, Whitt W. A staffing algorithm for call centers with skill-based routing[J]. Manufacturing and Service Operations Management, 2005, 7(4): 276-294.

[10] Tomlin B. On the value of mitigation and contingency strategies for managing supply chain disruption risks[J]. Management Science, 2006, 52(5): 639-657.

[11] Bassamboo A, Randhawa R S, van Mieghem J A. Optimal flexibility configurations in newsvendor networks going beyond chaining and pairing[J]. Management Science, 2010, 56(8): 1285-1303.

[12] Deng T, Shen Z J M. Process flexibility design in unbalanced networks[J]. IEEE Engineering Management Review, 2015, 43(1): 62-72.

[13] Henao C A, Ferrer J C, Muñoz J C. Multiskilling with closed chains in a service industry: A robust optimization approach[J]. International Journal of Production Economics, 2016, 179: 166-178.

[14] Rockafellar R T, Wets J B. Scenarios and policy aggregation in optimization under uncertainty[J]. Mathematics of Operations Research, 1991, 16(1): 119-147.

[15] 王晔. 考虑需求非确定的单元装配系统构建问题研究[D]. 大连: 东北财经大学, 2018.